2022—2023 年中国工业和信息化发展系列蓝皮书

2022—2023 年
中国安全应急产业发展蓝皮书

中国电子信息产业发展研究院　编　著

张小燕　主　编

封殿胜　程明睿　副主编

电子工業出版社
Publishing House of Electronics Industry
北京·BEIJING

内 容 简 介

本书分综合篇、领域篇、区域篇、园区篇、企业篇、政策篇、热点篇和展望篇 8 个部分，从多方面、多角度，通过数据、图表、案例、热点事件等多种形式，重点分析总结了 2022 年以来国内外安全应急产业的发展情况，比较全面地反映了 2022 年我国安全应急产业发展的动态与问题，对我国安全应急产业发展中的重点行业（领域）、重点地区、国家安全应急产业示范基地进行了比较全面的分析，展望了 2023 年我国安全应急产业的发展趋势。

本书可为政府部门、相关企业及从事相关政策制定、管理决策和咨询研究的人员提供参考，也可以供高等学校相关专业师生及对安全应急产业发展感兴趣的读者学习。

图书在版编目（CIP）数据

2022—2023 年中国安全应急产业发展蓝皮书 / 中国电子信息产业发展研究院编著；张小燕主编. —北京：电子工业出版社，2023.12
（2022—2023 年中国工业和信息化发展系列蓝皮书）
ISBN 978-7-121-46998-5

Ⅰ. ①2… Ⅱ. ①中… ②张… Ⅲ. ①安全生产—研究报告—中国—2022-2023
Ⅳ. ①X93

中国国家版本馆 CIP 数据核字（2023）第 250323 号

责任编辑：许存权
印　　刷：北京虎彩文化传播有限公司
装　　订：北京虎彩文化传播有限公司
出版发行：电子工业出版社
　　　　　北京市海淀区万寿路 173 信箱　　邮编：100036
开　　本：720×1 000　1/16　印张：15.75　字数：352 千字　彩插：1
版　　次：2023 年 12 月第 1 版
印　　次：2023 年 12 月第 1 次印刷
定　　价：218.00 元

凡所购买电子工业出版社图书有缺损问题，请向购买书店调换。若书店售缺，请与本社发行部联系，联系及邮购电话：（010）88254888，88258888。
质量投诉请发邮件至 zlts@phei.com.cn，盗版侵权举报请发邮件至 dbqq@phei.com.cn。
本书咨询联系方式：（010）88254484，xucq@phei.com.cn。

前言

关于安全应急产业，国外并没有这一称谓，但全球主要国家基于自身基本国情和发展需要，都高度重视与安全应急产业称谓相近的产业。如美国更偏重于国土安全，较成熟的产品集中在公共安全预警防控、火灾救助装备、防灾减灾培训、应急救援服务等；德国主要侧重于工业安全和社会安全；英国主要侧重于针对各种人为或者自然灾害进行研究并提供技术及装备解决方案；日本主要包括生产安全、个人防护装备及劳保保健、社会安全及安防、与公共安全有关的环保医疗活动、安全（应急）组织与服务。据相关机构不完全统计，以上四国 2022 年安全应急产业规模分别约为 1222 亿美元、133亿美元、180 亿美元、75 亿美元。从全球范围来看，目前安全应急产业发展出现的新特点有三方面：一是重视新技术成果在具体应急处置场景的应用，二是逐步构建了各级产品分类目录，三是强化多渠道资金保障。

2022 年，我国安全应急工作经受住了严峻考验。在以习近平同志为核心的党中央坚强领导下，我国严格落实疫情要防住、经济要稳住、发展要安全的要求，全国生产安全事故、较大事故、重特大事故起数和死亡人数实现"三个双下降"。党的二十大报告强调，要"统筹发展和安全""建设更高水平的平安中国，以新安全格局保障新发展格局"，在加强安全源头治理，提升应急管理和救援能力方面，安全应急产业发挥着重要作用。2022 年我国安全应急产业发展成效凸显,2022 年总产值超过 1.9 万亿元,较 2021 年增长约 13%。

2022 年,我国安全应急产业政策不断优化。我国出台了《"十四五"国家应急体系规划》《扩大内需战略规划纲要(2022—2035 年)》《"十四五"应急物资保障规划》《"十四五"公共安全与防灾减灾科技创新专项规划》等政策文件,突出四个"持续",加强安全应急产业对应急管理能力的支撑作用。一是持续秉持"人民至上、生命至上"的理念,坚持以人民为中心的发展思想。二是持续强化先进科技与装备支撑,推动科学预防、精准治理,包括加大新一代信息技术在安全应急领域的融合应用,以及轻量化、智能化、高机动性装备研发使用。三是持续加强应急准备,优化应急物资的区域布局,实施应急产品生产能力储备工程,提高应急物流投送和快速反应能力。四是持续提升社会共治共享水平,繁荣发展安全文化事业和安全文化产业,扩大优质产品服务供给。

2022 年,我国安全应急产业集聚初见成效。我国安全应急产业区域发展分布已经从"两带一轴"的空间格局,向长三角、粤港澳、京津冀三大区域为引领,中西部协同发展,基本形成了"三核引领,东中西并进"的新格局。京津冀地区着重高效疏解北京非首都功能,已基本形成了北京研发、津冀孵化转化的产业链布局。长三角地区关注产业数字化、智慧化转型升级,是我国安全应急产业最为聚集的区域,市场要素资源在三省一市间自由流动,通过一体化融合,使长三角产业发展形成合力。粤港澳大湾区创新"制造+服务"双核驱动的发展模式,外向型经济特点显著,区域内以广东省为发展"领头羊",综合实力全国领先,佛山市承办的中国安全产业大会引领行业风向标。成渝经济圈强调产业特色化发展,形成金堂、德阳"双中心",国家西南区域应急救援中心"一基地"的核心圈,打造覆盖低空救援、应急医疗、人才培训的全产业链航空应急救援产业集聚高地。

2022 年,我国安全应急产业亮点突出。我国安全应急产业各领域安全应急保障能力稳步提升,数字化、智能化转型升级成为多数细分领域共同发展趋势。一是安全应急产业保障关口前移,各大领域关注对象由灾后应急向灾前预防转变。二是安全应急产业保障能力建设取得阶段性成果,以平台为核心的自然灾害防范体系、事故灾难预防体系、应急物资保障体系及其他数字化安全应急体系发展态势迅猛。三是安全应急产业技术装备自主研发能力稳步提升，各领域普遍呈现高端化发展趋势，安全应急装备应用成效显著，示范效应益发凸显。四是"智慧应急"市场蓄势待发，"智慧应急"已开展第二批试点建设工作，在全国逐步推行。

2023 年，我国安全应急产业迎来拐点之年。2023 年 5 月 12 日，习近平总书记在深入推进京津冀协同发展座谈会上指出，把安全应急装备等战略性新兴产业发展作为重中之重，着力打造世界级先进制造业集群。总书记的指示，为安全应急产业进一步指明了方向，明确了重点。发展安全应急产业任务艰巨，使命光荣。2023 年也将成为我国安全应急产业的拐点之年，各地对发展安全应急产业的重要性也将提高到一个新的高度，各地发展安全应急产业的积极性、主动性、创造性也将进一步被激发，我国安全应急产业正在迈向新技术融合应用、新装备加快推广、新产业加快培育、新样板加快构建的新阶段。

此次编撰《2022—2023 年中国安全应急产业发展蓝皮书》，是自 2013 年以来第 9 次撰写的安全应急产业发展的年度蓝皮书。全书分综合篇、领域篇、区域篇、园区篇、企业篇、政策篇、热点篇和展望篇 8 个部分，多层次、体系化地分析总结了 2022 年以来国内外安全应急产业发展的现状、亮点、问题及趋势，希望给业界展示安全应急产业的全景图。

综合篇，梳理了全球的安全应急产业发展现状并进行了分析研究，对我国安全应急产业发展的状况和特点进行了总结，给出了我国安全应急产业的规模数据和区域布局，指出了我国安全应急产业发展存在的问题，并提出了相应的对策建议。

领域篇，聚焦自然灾害、事故灾难、公共卫生、社会安全等四类突发事件预防和应急处置需求，主要从发展情况、发展特点两个方面进行了较详细的分析研究。

区域篇，选取了我国经济发展最具活力的京津冀、长三角、粤港澳、成渝经济圈四大经济圈，对这些区域的安全应急产业发展，从整体情况、发展特点两大方面进行了研究，并选取了其中发展较好的重点省市进行了介绍。

园区篇，选取了徐州、营口、济宁、南海、随州、德阳、江门、泰州、长春、怀安等十个国家安全应急产业示范基地的基本情况进行了研究，在园区概况、园区特色及存在问题等方面进行了比较细致的分析研究。

企业篇，以上市企业和中国安全产业协会的理事单位为主，按大中小企业类型，选择了在国内安全应急产业发展较有特点的十二家企业，对各企业的概况和主要业务等进行了介绍。

政策篇，对 2022 年我国安全应急产业发展的政策环境进行了研究，选取了《"十四五"国家应急体系规划》《扩大内需战略规划纲要（2022－2035年）》《"十四五"应急物资保障规划》《"十四五"公共安全与防灾减灾科技创新专项规划》等对我国安全应急产业发展有重要意义的四个文件和政策进行了专题解析。

热点篇，结合我国经济社会安全和安全应急产业发展的热点事件，选取了三年抗击新冠疫情应急物资保障、"9·5"四川泸定 6.8 级地震、河南安阳"11·21"火灾事故等事件，分别进行了回顾和分析。

展望篇，对国内安全应急产业主要机构的研究和预测观点进行了整理，对 2023 年中国安全应急产业发展从总体情况和发展亮点这两个方面进行了重点展望。

赛迪智库安全产业研究所十年来致力于研究国内外安全应急产业发展态势，努力发挥好对国家政府机关的支撑作用，以及安全应急产业基地、安全应急产业企业、金融投资机构及安全应急产业团体的服务功能。希望通过我们坚持不懈地观察瞭望和深入研究，为促进我国安全应急产业发展提供参考，为深入推进制造强国和网络强国建设、加快推动经济社会高质量发展贡献力量。

赛迪智库安全产业研究所

目 录

企 业 篇

政　策　篇

热 点 篇

展 望 篇

综合篇

第一章

2022 年全球安全应急产业发展状况

刚刚过去的 2022 年，是极不寻常和极不平凡的一年。世界百年变局与乌克兰危机叠加，牵动全球安全格局加速演进；传统与非传统安全威胁相互影响，两大威胁同步上升同频共振导致地区动荡加剧。自然灾害形势复杂，极端灾害事件多发，造成的损失尤为突出，暴雨-地质、暴雨-洪涝灾害链的影响明显加重，相关灾害链的监测预警是全球的共同关切。安全生产情况依然不容乐观，矿难、危化品事故、火灾爆炸等问题突出，严重威胁着人们生命财产安全和社会稳定。国际社会新的脆弱点、贫困点和动荡源不断产生，全球安全问题进一步凸显并呈泛化趋势，安全形势更加复杂多变，人类社会面临前所未有的挑战。

第一节　概述

国外并没有安全应急产业这一称谓。安全应急产业概念受国家工业安全生产水平和应急安全管理需求影响较大，国际上，安全应急产业的概念和范围划分并不统一，各个国家和地区由于自身的基本国情、经济发展水平及人文环境不同，对于自身安全应急产业的具体定义和范围划分都有独特的理解，安全应急产业的定义与其所处的地域安全形势与国家经济地位密不可分。与安全应急产业概念相近的称谓有：Safety Industry（安全产业）、Occupational Safety（职业安全）、Emergency Response Technology Industry（应急技术产业）、the Incident and Emergency Management Market（应急管理市场）、Homeland Security and

Public Safety Market（国土安全与公共安全市场），不同的称谓说明其研究安全应急产业的关注点不同。

在美国，安全应急产业更偏重于国土安全，主要关注恐怖袭击预防应对、关键基础设施防护、生化核威胁应对等。最为成熟的产品集中在公共安全预警防控、火灾救助装备、防灾减灾培训、应急救援服务等领域。美国在安全应急科技和产业化的各个方面投入了大量人力、物力和财力，在制造业、电子商务和第三产业的其他内容中达到了较高的水平，为预防和减少危害公共安全的突发事件等提供了强有力的支持。根据Market Line数据显示，2022年美国安全应急产业市场总规模达到1222亿美元。其中，安全设备行业规模占比最高，根据国际安全设备协会（ISEA）数据显示，2020年美国安全设备行业规模约为782亿美元，占安全应急产业总规模的64%。美国安全设备行业创造了345000多个就业岗位，其中包括29642个制造业岗位、33566个批发业岗位和65909个零售业岗位。

德国将安全应急产业称为"安全行业"，主要侧重于工业安全和社会安全，其产业发展得到了德国政府的大力支持，尤其是在其提出工业"4.0"后，德国更是将安全行业和信息技术相结合，推动新一代安全应急产品和技术的研发及产业化。从目前德国关注的产品和技术来看，智慧安保、电子报警装置、消防设备、基础设施防护、机械安全防护装置及设备等已经成为德国安全行业的重点发展对象。近几年，德国在安全行业的销售额占据了全欧洲的25%。2022年德国安全应急产业规模达到123亿欧元，从事安全应急产业的企业超过2万家，其中位于柏林的企业最多，约1300家，占比为4.8%。德国的电子安全行业发展较为迅速，生物识别系统和视频监控等高新技术在安保领域得到了广泛应用，大型电器集团纷纷布局电子安全系统领域，如博世、西门子和菲利普的关联企业等。在中小企业中，GEZE Effeff公司的门窗防盗技术，Total Walther美力美（Minimax）公司的消防器材等具有较强实力。

英国安全应急产业体系较为成熟，产品或装备生产企业较多，产品类型主要涉及个体防护用品、医疗救援装备及药品、应急救援车辆、救援工程机械及设备等，其中用于搜救和火灾救援的最多。英国的安全应急产业主要面向自然灾害以及职业健康防护两个领域，专门针对各种人为或者自然灾害进行研究并提供技术及装备解决方案，其提出的 Safety Industry 主要针对工作范围内的职业安全领域。英国 2022 年安全应急产业市场规模约 180 亿美元，约有 9000 家企业从事安全应急产业，包括设备生产商、技术提供商和提供咨询、培训、风险分析的安全应急服务企业。英国有 BAE Systems 和 Smith Group 等大型安全应急企业，但大多数为中小企业。

日本安全应急产业主要包括生产安全、个人防护装备及劳保保健、社会安全及安防、与公共安全有关的环保医疗活动、安全（应急）组织与服务等，装备具有先进性、专业性、系统性和多样性等特点。由于日本自然灾害频发，安全应急产品及技术主要服务于地震、水灾、火灾等领域，且关联性较强。同时，日本的 IT 技术、机器人技术等已经广泛用于安全应急保障领域。此外，日本的安全应急服务产业体系也较为完善，其大中型的专业公司不但能够生产安全应急设备，还能提供专业的救援、危机管理、咨询与教育培训等服务。根据日本富士经济集团统计，2022 年日本安全应急产业规模总计达到 10240 亿日元，主要聚焦于监控监测等高新技术装备和服务。监控预警装备规模为 4900 亿日元，占安全应急装备总量的 48%。预计 2023 年，日本安全应急产业总体规模将进一步增长，其中，识别控制装备、汽车安全装备将呈现较高的增长态势。

第二节 发展情况

由于安全应急产业是一个复合的、交叉性很强的产业，各国对其定义和分类范围也各不相同，这就导致了无法将安全应急产业作为一个整体对其规模进行核算。从不同行业领域来看，在著名咨询机构 Homeland Security Research Corporation（HSRC）发布的 *Homeland Security & Public Safety (with COVID-19 & Vaccines Impact) Global Markets 2021-2026: A Bundle of 15 Vertical, 22 Technology & 43 National Markets Reports, 377 Submarkets*（《国家安全和公共安全的全球市场（包括新冠病毒感染/疫苗接种的影响）：所有 15 个行业，22 种技术，43 个国家和 377 个子市场的分析（2021—2026）》）报告中指出，全球国土安全和公共安全市场在经历了 2020 年的萎缩后，2021 年市场规模正在逐步恢复（图 1-1），到 2026 年预计将增长到 6580 亿美元。

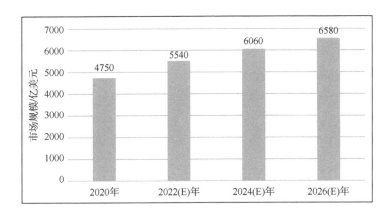

图 1-1　2020—2026 年全球国土安全和公共安全市场规模及预测
（数据来源：Homeland Security Research Corporation，2021.04）

此外，著名咨询机构 markets and markets 在 2021 年 5 月发布的 *Homeland Security and Emergency Management Market by Vertical (Homeland Security, Emergency Management), Solution (Systems, Services), Installation (New Installation, Upgrade), End Use, Technology, and Region-Forecast to 2026*（《全球国土安全和应急管理市场（～2026 年）：工业（国土安全/危机管理）/解决方案（系统/服务）/安装分类（新安装/升级）/最终用途/技术/地区》）报告预测，全球国土安全部和应急管理部市场在预测期内将以 6.2%的复合年增长率增长，从 2021 年的 6687 亿美元增长到 2026 年的 9046 亿美元。智慧城市概念的扩展、物联网在国土安全方面的应用以及犯罪行为和恐怖袭击事件的增加等因素正在推动市场增长。同时，该机构 2021 年 9 月发布的 *Incident and Emergency Management Market by Component, (Solutions (Emergency/Mass Notification System, Perimeter Intrusion Detection, and Fire and HAZMAT), Services, and Communication Systems), Simulation, Vertical, and Region-Global Forecast to 2026*（《全球突发事件和应急管理市场（～2026 年）：组件（解决方案（应急和广播通知系统、边界入侵检测、火

灾和危险品）、服务、通信系统）、模拟行业、地区》）报告预测，全球突发事件和应急管理市场将以 6.7%的复合年增长率增长，从 2021 年的 1240 亿美元增长到 2026 年的 1718 亿美元。公众对安全和安保的兴趣日益增加、人们对这些解决方案的业务连续性认识不断提高、越来越多的智能设备的使用，正在推动市场需求不断增加。

根据前瞻产业研究院的报告显示，2021—2026 年，全球安防市场会经历先下降后上升的趋势，结合对未来行业形势的判断，前瞻预计 2026 年全球安防行业市场规模将达到 3306 亿美元（图 1-2）。由于中国、美国、欧洲等地对于传统安防的需求下降，而智能安防的全面发展仍然需要时间，东南亚、非洲、中东及中南美洲等发展中地区市场将有所增长，但由于其市场规模较小，成长需要时间。

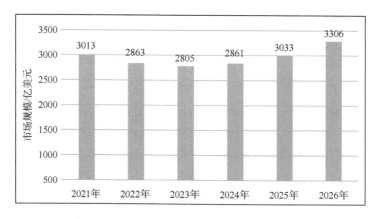

图 1-2　2021—2026 年全球安防市场规模及预测
（数据来源：前瞻产业研究院，2022.04）

著名咨询机构 Homeland Security Research Corporation（HSRC）发布的 *Investigation And Security Services* 报告显示，由于受到新冠疫情影响，2020 年全球调查和安全服务（包括安防、保全、传统安全应急服务等）市场规模为 1.1 万亿美元，2027 年将达到 1.3 万亿美元，2020—2027 年期间的复合年增长率为 3.2%。报告中分析未来几年由于受到疫情和经济危机影响，安全系统服务未来 7 年的复合年增长率为 2.9%，这一细分市场目前占全球调查与安全服务市场的 44.9%。

第三节　发展特点

一、重视新技术成果在具体应急处置场景的应用

新技术参与国内应急事件处置已经成为和平时期各国安全发展需求的应有之意，新技术的参与为快速、及时处置突发安全事件提供了必要支撑。如在 2023 年土耳其地震中，使用了美国国防部与卡内基梅隆大学软件工程研究所、微软等机构共同研发的 xView2，帮助了土耳其的灾难物流和地面救援任务。该应用基于使用机器学习算法与卫星图像，可以准确识别灾区的建筑物和基础设施损坏，比传统方法更迅速，可对其损失严重程度进行分类。再如日本近期开发了新式多普勒长驱式生命探测仪，整套设备使用连续波雷达技术（一种军用航天雷达），探测传感器可长驱深入废墟中 20 米以上进行深埋人员探测；30 秒内可定位 200m³ 范围内埋压人员的位置，新颖的超外差系统处理技术，可探测到埋压在废墟中的任何存活者，特别是可探测意识淡漠伤员的呼吸和心跳，现场实战性强。

二、强化多渠道资金保障

欧美等国建立了包括政府拨款、公益性基金捐赠、私营公司投资融资、优惠贷款或减免税等资金保障体系，来支持安全应急产业发展和先进安全应急技术的研发。如美国联邦应急管理局 2022 年的应急资金预算约为 32 亿美元，其中包括 23 亿美元的灾害应急基金，对生产安全和灾害管理方面的财政支持，主要是通过联邦应急管理局购买大量的应急装备、产品及服务，而并非直接补贴安全应急企业。据日本相关统计机构的数据显示，2022 年，日本支持了 24 个项目的应急设施及安全应急装备配备，预算资金总额超过 3200 亿日元。其中，自然灾害防灾减灾装备预算超过 60%。日本为抗震救灾公寓等设施建设提供优惠贷款或减免税；对应急医疗机构建设及装备配备提供融资等。日本政策金融公库等为中小安全应急企业提供融资优惠。

三、逐步构建了各级产品分类目录

美国、日本、欧盟等国家和地区针对本国（或地区）安全应急需求，逐渐建立起了适合实际需求的安全应急装备目录，促进产业发展。例如，美国联邦应急管理局（简称 FEMA）所属的基金项目委员会（GPD）公布授权装备目录，用于多个批准项目的设备采购。该清单中的设备使用具有强制性。FEMA 的各种项目或各州在申请联邦资助时，所涉及装备必须在此授权目录范围之内。目前 FEMA 授权应急装备和产品目录涉及 21 个大类、707 项。政府各级部门和安全应急管理部门采购装备需严格按照装备目录体系，相关装备生产企业的产品研发和生产也严格遵循目录体系的规定，使安全应急产品需求明确，促进有效供给。日本构建了中央、都道府县、市町村等三级安全应急产品采购及储备目录，用于指导突发事件应急处置。

第二章

2022 年中国安全应急产业发展状况

第一节　发展情况

一、国家利好政策频出

党的二十大报告明确要求"坚持安全第一、预防为主，建立大安全大应急框架，完善公共安全体系，推动公共安全治理模式向事前预防转型……"这对推进国家安全体系和能力现代化，坚决维护国家安全和社会稳定做出了重要部署，是以新安全格局保障新发展格局，深入贯彻总体国家安全观的具体体现，也为安全应急产业发展指明了方向。

2022 年 1 月，国务院印发了《"十四五"国家应急体系规划》，对"十四五"时期安全生产、防灾减灾救灾等工作进行全面部署，明确要求"壮大安全应急产业"，并从优化产业结构、推动产业集聚、支持企业发展三方面提出了具体要求，指明了"安全应急产品和服务发展重点"的 10 个重点方向，主要涉及 48 类产品或系统、17 类服务。

2022 年 12 月，中共中央、国务院印发了《扩大内需战略规划纲要（2022—2035 年）》，"推动应急管理能力建设"位列其中。在增强重特大突发事件应急能力、加强应急救援力量建设、推进灾害事故防控能力建设三个方面，发展安全应急产业意义重大。特别是现阶段，消费升级、产业升级和应急管理体系建设正在成为拉动安全应急产业快速发展的"三驾马车"，共同构成对安全应急产业的巨大刚需。

二、产业规模持续增长

在国家多项利好政策下，部分地区已将安全应急产业作为"十四五"时期的重要发展方向。发展需要产业，安全需要保障。聚焦应对四大突发事件需要，充分发挥安全应急产业在统筹发展和安全中的支撑作用，形成服务于以国内大循环为主体、国内国际双循环相互促进的新发展格局，将科技创新转化为推进高质量发展的强大动能，以特色基地为载体，优势产业为依托，龙头企业为引领，强化补全产业链，不断推进产业高质量发展。

2022 年我国安全应急产业发展迅速。全年总产值超过 1.9 万亿元，较 2021 年增长约 13%（见图 2-1）。此外，在我国从事安全应急产业的企业中，制造业生产企业占比约为 60%，服务类企业约占 40%。从区域来看，东部沿海地区安全应急产业规模相对较大，销售额稳步增长，利润丰厚，竞争力强，引领区域安全应急产业快速发展。

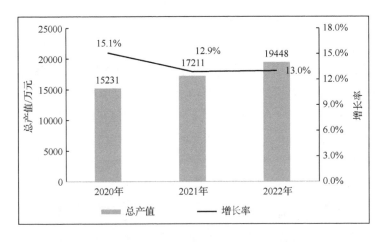

图 2-1　2020—2022 年我国安全应急产业规模及增速
（数据来源：赛迪智库整理，2023.05）

三、产业集聚建设初见成效

当前，我国安全应急产业分布正在从"两带一轴"的格局向"三核引领、中西并进"的大区域为引领、东中西部协同发展的新局面转变。

2022 年，经工信部、国家发改委、科技部联合组织评审评估，正式将徐州高新技术开发区等 8 家单位命名为国家安全应急产业示范基地（综合类或专业类），江门高新技术产业开发区等 18 家单位命名为国家安全应急产业示范基地创建单位（综合类或专业类），涉及省份包括吉林、山东、湖北、湖南、江苏、广东、浙江等，涉及领域如安全防护类、监测预警类、应急救援处置类、安全应急服务类。从区域分布来看，长三角地区的基地数量最多，共 7 家，主要集中在江苏、浙江、安徽，约占全国安全应急产业示范基地（含创建单位）的 1/3 以上（见图 2-2）。

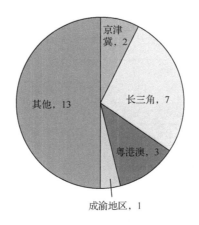

图 2-2　2022 年公示的国家安全应急产业示范基地（含创建单位）区域分布
（资料来源：赛迪智库整理，2023.05）

四、智慧应急市场蓄势待发

2022 年初，《"十四五"国家应急体系规划》明确要求系统推进"智慧应急"建设，提出"要适应科技信息化发展大势，以信息化推进应急管理现代化，提高监测预警能力、监管执法能力、辅助指挥决策能力、救援实战能力和社会动员能力"。我国数字经济的快速发展，正在为推动公共安全治理模式向事前预防转型发挥核心作用。

智慧应急是国家应急管理体系现代化和数字经济赋能高质量发展的重要内容。从 2020 年 9 月起，全国 10 个省（直辖市）开展智慧应急试点建设，2021 年底已完成试点建设目标，以先进典型带动全国智慧应急建设整体发展已经具备条件。2022 年，智慧应急进入了第二个阶段，即落地深化阶段，应急管理部将主要聚焦地市级城市，结合地域特色、业务特点，开展第二批试点建设工作，之后将在全国推行智慧应急建设（见表 2-1）。到 2025 年，应急管理信息化应用水平将得到大幅提升，形成全面覆盖的感知网络、韧性可靠的应急通信、先进强大的大数据支撑体系。

表 2-1　十家智慧应急试点单位取得的部分成效

试点省（市）	部 分 成 效
黑龙江省	具有 24 项功能的监管执法、智能分析、专家研判监测预警及应急救援系统
天津市	"移动执法""高点 AI 云防""小快灵应用"等典型应用涌现
河北省	森林草原火险自动监测
山东省	购买服务开拓智慧应急市场
江苏省	建成了"危化品重大危险源企业厂区外视频存储系统"
安徽省	实现了"六个率先"，部署迅速、成效显著
湖北省	建成了一体化智能化大数据平台
江西省	充分利用基站，实现灾情实时研判
广东省	提升线上执法效能
云南省	购买服务开展智慧应急基础设施建设

资料来源：赛迪智库整理，2023.05。

此外，智慧应急市场广阔的发展前景吸引了众多企业进军该领域，除进行或已完成数字化、智能化转型的原有应急领域企业，以及辰安科技、华胜天成等智慧应急服务供应商外，还吸引了中国联通等运营商，以及阿里巴巴、腾讯、百度等在内的众多互联网企业竞速布局。2022年 5 月，中国联通成立了九大行业十大军团，智慧应急军团位列其中，其目标是以专业、可信服务全面赋能智慧应急新发展，为平安中国建设贡献联通智慧，之后一年来，智慧应急军团重点聚焦指挥救援、安全生产、自然灾害、智慧消防、城市安全五大细分领域，推动应急管理数字化、智能化转型发展。

第二节 存在问题

一、安全应急产业体系尚需完善

一是顶层设计有待完善。2020 年以来，为加强对安全产业、应急产业发展的归口、统筹指导，国家将安全产业和应急产业合并为安全应急产业。新整合的产业缺少对安全应急产业发展的政策统筹，缺乏产业的财政、税收、金融等扶持政策，急需制定配套的细化政策措施。二是基础研究工作有待进一步完善。合并后的安全应急产业缺少专门的统计口径，导致主管部门无法对该产业进行科学的管理，对哪些细分领域的产能是否过剩也缺乏一个整体的认识。三是供需之间缺乏统筹协调。安全应急产业隶属关系复杂，分散于机械、电子、化工、信息等多个行业领域之中，但不是各行业发展的主体，未获得相关行业的足够重视，在供需协调、统筹发展的路径、模式上创新探索不够，导致资源和要素配置无法向更高水平提高，阻碍了安全应急产业健康有序发展。

二、高端安全应急装备有效供给不足

一是在通用领域、低端市场的产品技术门槛较低，生产企业较多，产能相对过剩。产业结构优化进展缓慢，新旧动能衔接不畅，仍以中小企业为主，许多产品的科技含量和附加值仍偏低，新兴领军企业及龙头企业不多，影响产业结构优化进展。二是在高端产品市场，市场占有率较低。航空应急救援装备、矿山智能化采掘平台、深海应急救援装备等领域关键设备仍然存在明显的对外依赖。产业链龙头企业尚属凤毛麟角，"专精特新"的成长型企业尚需支持。以灭火飞机为例，美国超大型灭火机载水量为 45.5 吨，波音 747 客机改装的全球最大的灭火飞机，载水量可达 74.2 吨，续航里程超过 6400 千米，一个防火期共投入的飞机数量接近 1000 架。三是产品可靠性、稳定性水平不高，国产消防车底盘等产品较国外进口产品仍存在明显差距。受制于技术短板、市场需求不成熟、供需信息不对称、存在制度性障碍等方面问题，国内供需循环体系短板等是制约我国安全应急装备有效供给提升的关键原因。

三、产业集聚区域发展不平衡

当前，我国安全应急产业发展不平衡，呈现东强西弱的态势。我国安全应急产业以基地为核心，在各区域内集聚式发展。从已公示的 8 家国家应急产业示范基地和 18 家国家应急产业示范基地创建单位来看，东部为 8 个，约占全部安全应急产业示范基地 1/3，发展主要集中在广东、浙江、江苏。中部地区则主要集中在河南、湖北、湖南等省份。从西部、东北地区来看，除四川、吉林等少数地区产业发展初具规模之外，其他地区安全应急产业发展仍处于起步阶段，相关企业较少，产值较小，尚未形成规模。"十四五"期间，随着各地对安全应急产业的日益重视，安全应急产业由东部向中西部拓展，东强西弱的产业格局将逐步减弱。

四、数据挖掘技术尚不成熟

数据应用偏监测，少预警。从深度而言，目前数字化应用主要用视频监控取代人工排查，但对隐患排查、监测预警时所需的基础信息的数据量、颗粒度、覆盖度和精细度等不足以支撑深度分析与挖掘，特别是自然灾害分布状况、危险源分布状况等基础底数不够清晰，在跨部门、跨层级场景下，数据资源接入与汇聚程度难以满足业务支撑需求，未能充分发挥超前预测预警能力。

从广度而言，由于各地应急管理部门信息化建设水平不均衡，地震、地质、气象、水旱、火灾等灾害监测网络不健全，即使使用了网络，日常使用的业务系统也多数停留在数据统计和工作流程数字化的层面，偏重于底层的基础治理工作，缺乏业务应用导向，对未知风险和安全隐患缺少数字化、科学化的精确辨识和应对能力与手段。例如，多灾种和灾害链综合监测和预报预警能力有待提高，大规模灾害的计算分析工具研发不足，应急通信保障与"泛在连接、随遇接入"的实战要求仍有差距等。

第三节　对策建议

一、加强战略布局，完善顶层架构设计

安全应急产业具有很强的综合性，既要加强战略布局和系统谋划、又要调动多方面资源力量广泛参与，整体推进、重点突破。建议在当前各地高度重视安全应急产业发展的共识基础上，将其正式纳入《"十四五"国家战略性新兴产业发展规划》，加强安全应急产业发展和应用的顶层设计，研究构建新发展格局下安全应急产业国内大循环体系。在国家层面编制发布《安全应急产业发展指导意见》，综合工信、发改、科技等供给侧管理部门以及应急、卫健委、公安部等需求侧应用部门力量，构建部门间协作机制，破除装备的研发、生产和应用的制度性障碍。

二、实施协同创新，加快技术攻关突破

发展安全应急产业应坚持需求导向、创新导向和集成导向，面向四大类突发公共事件的需要，针对安全应急装备和产业链短板环节，组合运用揭榜挂帅、联合攻关、采购目录、应用示范等方式构建协同创新体系，以畅通的供需关系提供可持续的创新动力。一是结合安全生产和应急管理实战需求，组织安全应急装备研发揭榜挂帅技术攻关。二是布局安全应急装备制造业创新中心。在已建成的轻量化材料、机器人、先进轨道交通装备等创新中心中增加安全应急装备攻关任务。三是编制《安全应急装备政府采购目录》，综合运用政府优先采购、订购、首台套补贴、编制进口负面清单等方式支持产业化、国产化应用。四是持续开展安全应急装备示范工程，将应用成效显著、技术水平先进、推广模式创新的安全应急装备树立为行业示范，带动装备推广和品牌提升。

三、注重特色产业培育，推动产业集聚发展

一是加强特色产业培育。注重选取层次高、潜力大，能切实提高本地区或周边地区本质安全水平，同时也能在取得经济效益的产业，重点定位安全应急产业的高端发展路径，将通用的安全技术进行专业化应

用，同时还要注重与周边地区联动发展、融合发展，尤其是在矿山安全、道路交通安全、危化品安全等领域有着优势的中东部地区的园区，其特色产业和主导产业重合现象较多，在探索发展新模式、新路径的过程中，注重错位协同发展，严防同质化竞争。二是鼓励集群成员做大做强。培育一批龙头企业，努力营造有利于安全应急产业骨干力量成长环境，鼓励有发展基础的大型企业发展安全应急产业，培育具有研发制造、集成创新、工程实施和运营服务能力。以带动性强、整合需求高、市场潜力足的重大项目为纽带，加快集群内大企业和大集团的培育，促进"专精特新"中小企业的成长，实现大中小企业融通发展。

四、加强数字化发展，提升信息技术应用

紧抓数字经济发展机遇，加快工业互联网、大数据和人工智能等新一代信息技术应用，支持以智慧应急为代表的安全应急产业发展的新动能，提高产业高质量发展的水平。一是加强关键核心技术研发。基于大数据、云计算、人工智能、物联网、5G 等新一代信息技术，提升全环节数字化、网络化、智能化水平。在地质灾害方面，积极探索 5G+北斗实时亚米级、厘米级、毫米级高精度定位服务应用，及时精确感知山体滑坡、桥梁隧道形变等危险信号。二是提升大数据分析能力。重点面向灾害模拟仿真、分析预测、信息获取等应用需求，不断丰富健全各类算法模型。加速数据资源在线汇聚、有序流动和价值挖掘。全面加强与电力部门、三大运营商、工业互联网企业等交流合作，实现更高层次的数据共享应用。例如，供电部门的用电指标数据、树根科技的挖掘机运行数据，三大运营商的人口热力图数据和人口流动数据等。

领 域 篇

第三章

自然灾害领域

自然灾害是指洪涝、干旱等水旱灾害，台风、风雹、低温冷冻、雪灾、沙尘暴等气象灾害，地震灾害，崩塌、滑坡、泥石流等地质灾害，风暴潮、海啸等海洋灾害，森林草原火灾和重大生物灾害等。我国是世界上受自然灾害影响最严重的国家之一，灾害形势严峻复杂，极端天气多发，各类自然灾害均有不同程度发生，对人民生命和财产安全造成巨大损失，这对发展灾害应急装备和科技，提升综合防控应急能力提出了更高要求。

第一节　基本情况

一、自然灾害领域产业覆盖范围进一步延伸

自然灾害领域的安全应急产业包括灾害监测预警、灾时应急救援、灾后恢复重建和应急物资准备相关的技术、产品和服务，具有关联性强、使用主体多样、应用地域广泛等特点，产业链涉及轻工、通信、材料、装备、电子等多个行业，与国民经济的多个产业都有很强的交叉性。根据《财政部关于提前下达 2022 年自然灾害防治体系建设补助资金预算的通知》和《财政部关于下达 2022 年自然灾害防治体系建设补助资金预算（第二批）的通知》，2022 年财政部共下发 50 亿元补助资金，用于开展地质灾害综合防治体系建设、提高地质灾害防治能力等。随着全球气候变化带来的极端天气增多，城市安全等方面的风险加大，灾害全灾种全过程综合管理理念进一步强化，自然灾害领域的安全应急产品和

技术也从传统的灾害监测、抢险救援、储备物资等拓展到提升城市基础设施，特别是重大基础设施防灾减灾水平的相关产业上，包括提升在极端自然灾害发生时基础设施的抗灾和快速恢复能力，建设海绵城市、韧性城市，以及加强自然灾害防治与实施国家重大战略的配套协调相关的技术、产品和服务等。

二、国家层面支持自然灾害领域科技装备发展力度加大

党的二十大报告强调，要提高防灾减灾救灾和急难险重突发公共事件处置保障能力，加强国家区域应急力量建设。近年来，我国以防范化解重大自然灾害为主线，加快推进自然灾害防治体系现代化，对自然灾害领域安全应急产业供给能力也提出更高要求。2022 年 7 月，国家减灾委印发了《"十四五"国家综合防灾减灾规划》，作为我国第四个国家层面的防灾减灾综合性规划，该规划在总体目标下提出了 12 项主要任务，其中就包括夯实防灾减灾基础，部署防灾减灾科技能力建设重大项目，鼓励防灾减灾救灾产业发展等。2022 年 11 月，科技部、应急管理部印发《"十四五"公共安全与防灾减灾科技创新专项规划》，明确要以重大自然灾害监测预警与风险防控、重大灾害事故应急救援等为重点，加快突破关键核心技术，研发先进适用装备，统筹"项目—基地—人才"，推动重大成果产出和科技成果转化，还将推动实施自然灾害防治技术装备现代化工程和安全应急装备创新发展工程，支撑安全应急装备产业链现代化。2023 年 4 月，中共中央办公厅、国务院办公厅印发《关于全面加强新形势下森林草原防灭火工作的意见》，作为中华人民共和国成立以来首个由党中央、国务院审定印发的关于森林草原防灭火工作的纲领性文件，明确了科技和创新在森林草原防灭火中的重要地位，提出强化科技支撑，搭建科技创新平台，引导高新技术企业加强智慧防火、智能灭火技术的研发应用；提升信息化水平，建设火灾预防管理系统和灭火指挥通信系统，普及"互联网+防火"等手段；加快装备转型升级，加强国家层面、地方层面装备建设等三个方面"突出科技赋能，加大创新技术应用力度"。

三、各地自然灾害防治先进装备应用加速

随着国内灾害防治技术的发展和装备制造能力的提升，我国自然灾害救援效能明显改善，新技术、新装备应用场景不断丰富，科技支撑防范化解重大自然灾害的水平也得到明显提升。对标全灾种、大应急任务需要，我国加大先进、专用、特种救援装备研发力度，自主研发了室内外高精度应急组网定位装备、高原高寒地区灾害现场安置装备、新一代系列化个体防护服、轻型高机动应急救援系列装备等一批技术装备，在灾害事故防控和救援中得到广泛应用。在自然灾害防治领域推进新一代信息技术应用方面，各地均结合实际需求进行探索，提升了依靠"技防"实现多灾种、多因素、多环节的灾害监测预警与快速响应能力。如广东省佛山市依托"智慧安全佛山"项目，加大科技项目扶持力度，鼓励安全科技信息化研发和创新，以"城市安全风险一张图"的方式构建全方位、立体化的安全防线防控网；湖南省为加快提升自然灾害防治技术装备现代化水平，围绕森林消防装备、防汛抗旱装备、建筑物坍塌应急救援设备、新型应急指挥通信装备、地质灾害监测预警救援装备等领域，发布了《湖南省自然防治技术装备重点任务工程化攻关"揭榜挂帅"工作方案》，重点解决"灾害一线需要什么装备、哪些一线装备有短板、一线哪些装备需要升级"的具体需求，强化针对实际需求的先进适用装备供给能力。

第二节　发展特点

一、空天地海一体化监测预警网络加快建设

我国自然灾害发生频次位列全球第三，因灾死亡人口总数位列全球第七，并在全球洪涝灾害损失中占比较大。2022 年全国十大自然灾害事件造成的经济损失占全年损失的 63.9%。因此，加强自然灾害尤其极端天气造成的重大自然灾害监测预警，对降低灾害损失和伤亡至关重要。2022 年 2 月，国务院印发《"十四五"国家应急体系规划》，同年 6 月，国家减灾委员会印发《"十四五"国家综合防灾减灾规划》，作为我

国"十四五"时期应急管理领域最上位规划和自然灾害防治领域的专项规划，两个文件都强调了要系统提升全社会防灾减灾能力，推动防控重点由灾后应急向灾前预防转变。近年来，我国利用卫星遥感、视频识别、5G、云计算等技术初步建立了涵盖灾害监测预警和快速数值模拟的灾害预警平台，灾害预测预警、重大风险预判能力进一步提升，2022 年全国共成功预报地质灾害 905 起。未来，在构建空、天、地、海一体化的灾害监测预警网络过程中，北斗卫星导航、无人机遥感、物联网、云计算等技术将与自然灾害预测防控产品深度融合，在绘制防灾减灾物资全国一张图、地质灾害远程巡查侦测、灾区数据采集与三维地图绘制、大坝等重大基础设施安全防护、灾害数据整合分析与决策支撑方面发挥更重要的作用。

二、全国自然灾害风险数据库支撑作用凸显

灾害风险数据是科学制定防灾减灾预案、优化综合应急体系的依据。为全面摸清全国自然灾害风险隐患及抗灾能力，2020—2022 年，我国开展了第一次全国自然灾害综合风险普查，2023 年 2 月 15 日，普查任务全面完成，共获取了全国灾害风险要素数据数十亿条，主要包括 5 大类：一是地震灾害、地质灾害、气象灾害、海洋灾害、水旱灾害、森林草原火灾等 6 大类 23 种灾害致灾要素数据；二是人口、房屋、公共服务系统、基础设施、产业、资源和环境等 6 大类 27 种承灾载体数据；三是政府、社会、基层家庭等 3 大类 16 种综合减灾能力数据；四是 1978 年以来年度灾害和 1949 年以来重大灾害事件调查数据；五是重点灾害隐患调查数据。为围绕各地的防灾减灾抗灾的实际需求对普查的数据成果进行充分应用，国务院普查办发布《关于加强第一次全国自然灾害综合风险普查成果应用的指导意见》，要求"建立风险普查成果应用体系，推动普查成果在自然灾害防治能力提升和经济社会发展中的应用，切实发挥风险普查成果的作用"。2020 年和 2021 年，国务院普查办利用普查调查数据开展了北京冬奥会和冬残奥会、杭州亚运会所在区域的自然灾害综合风险评估，针对极端情境下可能的灾害风险及其影响，形成了专题评估报告，发挥了在重大赛事、重大活动中的安全保障作用。目前，我国国家层面普查基础数据库已基本形成，未来，还将建

立数据库常态更新和运行维护机制，扩大数据库共建共享共用，并将围绕国家重大战略、重大工程建设、重要发展规划、重点领域和各地各部门实际需求，推动普查成果应用，充分发挥普查成果对提升自然灾害防治能力的支撑作用，促使我国自然灾害防范及应急管理能够依托数据和系统基础能力的提升，形成科学、现代化的治理模式和理念。

三、自然灾害五级应急物资储备网络基本建成

优化应急物资储备是提升灾害应对能力和水平的基础。我国《自然灾害救助条例》针对自然灾害准备不足和应对不力等情况，提出"县级以上人民政府应当建立健全自然灾害救助应急指挥技术支撑系统，并为自然灾害救助工作提供交通、通信等装备；国家建立自然灾害救助物资储备制度，设区的市级以上人民政府和自然灾害多发、易发地区的县级人民政府应当设立自然灾害救助物资储备库"。由应急管理部管理的三大类应急物资主要包括抢险救援保障物资、应急救援力量保障物资和受灾人员生活保障物资。目前，我国已基本建成"中央—省—市—县—乡"五级应急物资储备网络，应急物资储备规模大幅增加，物资种类更加丰富。但随着防范化解重大灾害风险的挑战不断加大、人民对美好生活需求的日益增长、科学防灾减灾的要求不断提高，应急物资保障在储备主体、储备形式、区域布局和调运分发等方面的短板日益凸显，这为自然灾害领域的安全应急产业发展提出了要求，也提供了机遇。未来我国在储备主体方面，将建立社会化应急物资协同储备政策，以社区、企事业单位、社会组织、家庭等为主体的应急物资储备需求将会增加；在储备形式方面，产能储备的占比将提升，重特大灾害发生时的企业转产扩产能力将加强；在区域布局方面，将结合全国区域灾害风险分布建设区域性应急物资生产保障和储备基地，还将特别在自然灾害高发和灾害严重的地区建设针对性强、专业突出的区域性应急救援能力；在物资调运分发方面，运用"区块链+大数据"的物资调配方案、智能机器人等配送手段，大型物流企业将发挥更大功效。

第四章

事故灾难领域

第一节　基本情况

一、严峻的事故灾难形势急需安全应急产业发展壮大

当前，我国工业化、信息化、城镇化和农业现代化深入推进，各种传统的和非传统的、自然的和社会的风险、矛盾交织并存，各类突发事件发生概率更高、破坏力更大、影响力更强。据统计，2022 年上半年，全国共发生各类生产安全事故 11076 起、死亡 8870 人，安全生产形势总体稳定，但部分地区和行业领域事故多发，例如住建领域非法违法建设问题突出、化工企业违法违规生产经营、交通运输业事故多发等，事故灾难形势依然严峻复杂。

安全应急产业是为自然灾害、事故灾难、公共卫生事件、社会安全事件等各类突发事件提供安全防范与应急准备、监测与预警、处置与救援等专用产品和服务的产业。发展安全应急产业，就是从提升本质安全水平和应急处置能力两个不同方向来促进安全发展，从而在统筹发展和安全，提高安全应急保障能力，保障平安中国建设中发挥重要作用。加快安全应急产业发展，大力推动先进安全技术和产品的研发及推广应用，强化源头治理、消除安全隐患，打造新经济增长点。

二、安全应急产业市场空间和增长潜力巨大

在工矿领域等高危行业，按照《企业安全生产费用提取和使用管理

办法》规定，从事煤炭生产、非煤矿山开采、建设工程施工、危险品生产与储存、烟花爆竹生产、冶金、机械制造、武器装备研制生产与试验的企业，应按照规定标准提取安全生产费用。据此办法，工矿领域企业每年提取的安全费用约为 8800 亿元。如果其中 80%用于对安全技术、产品和服务进行投入，仅上述行业的安全产业市场年需求约为 7000 亿元。

在交通、能源、建筑施工、消防、渔业、城市基础设施等领域对安全技术、装备与服务的需求是非常大的。例如，在交通安全方面，我国是汽车生产和消费大国，同时道路交通安全事故死亡人数占全国安全事故死亡人数的 83%，建立道路安全监控信息系统，对车辆加装带有卫星定位、测速、测时功能的行驶记录仪，对车辆行驶过程进行全程监控，可以起到防超速、防疲劳驾驶的作用，全面推广应用，市场规模可达千亿元，并可带动促进万亿规模的"北斗"导航定位系统市场应用，同时可促进万亿规模的车联网服务业态的创新与发展。

三、安全应急装备应用成效显著

当前，国内安全应急装备体系逐步完善。围绕事故灾难领域，先进安全应急装备实现了对安全防护、监测预警、应急救援、安全应急服务的全面覆盖，其供应商既包括如新兴际华、徐工集团、内蒙古一机集团等行业内"大而全"的领军企业，也包括如北京安氧特、陕西法士特等"专而精"的优质企业。并且，在关键领域实现了技术创新突破。例如航天科工集团二院开发的高层楼宇灭火系统，首次使用发射"导弹"的方式进行消防灭火，最大射程可达 500 米，填补了我国在高层、超高层建筑消防外部救援装备领域的技术和装备空白。另外，辰安科技在合肥市探索建设"城市生命线工程安全运行监测系统"，已成功预警燃气泄漏燃爆、沼气浓度超标、供水管网泄漏、路面塌陷等突发险情 6000 多起，地下管网事故发生率下降了 60%、风险排查效率提高了 70%。该系统支撑了城市安全运行的实时在线监测、风险隐患的及时发现，大大提高了主动式安全保障能力，也创造了"合肥模式"。

第二节　发展特点

一、数字化技术助推事故灾难从应急向预防转变

预判风险是防范风险的前提。长期以来，我国事故灾难领域的应急管理工作"重处置、轻预防"，即在事故发生后，再分析造成事故的原因、追究相关人员的责任等，这种方式不能从源头防范化解重大安全风险。而国际安全管理中的"海恩法则"警示人们，任何一起突发事件都是有原因的、有征兆的，大多数突发事件是可以控制和避免的。数字化技术则是通过对突发事件事前、事中、事后的全过程覆盖，推动应急管理关口前移，有效提升"防"的能力。运用大数据和算法技术从海量的数据信息中筛理出关键的信息线索，从而对风险监测点、危险源等进行监控，力求把问题解决在萌芽之时、成灾之前。例如，燃气安全事故是我国主要的事故灾难之一，报警器作为燃气安全风险源头管控的重要手段，其作用有待进一步发挥。在燃气报警器应用推广方面，可通过搭建云端运行、多类型产品接入、多端点管理的平台等方式，将安全报警与应急处置结合起来，使产品推广应用更好地满足城市发展的需要。

二、企业安全生产少人化、无人化、智能化水平显著提升

随着"危险工序机器换人工程""少、无人化智能生产线"以及智能工厂建设的全面展开，企业安全生产少人化、无人化、智能化水平显著提升。智能化是工业发展的核心技术支撑，将人工智能、工业物联网、云计算、大数据、机器人、智能装备等与现代资源的开发利用、高危作业场所等深度融合，生产方式正在由高耗能、劳动密集型向低耗能、技术密集型的发展模式转变，极大解决了传统人工作业操作危险系数大、劳动强度高的问题。

当前，智能巡检机器人应用尤为广泛。智能巡检机器人属于特种机器人范畴，需求较为前沿。根据智能巡检机器人的工作地点，通常可以将其分为陆地巡检机器人、空中巡检机器人及水下智能机器人，其主要

应用的行业有电力、数据中心、化工、轨道交通、城市综合治理等。例如，福淼集团根据多氟多化工的应用场景，在化工领域极大地促进了智能巡检机器人的应用，更是创新了化工领域的新道路。运用可为无人值守或者少人值守的环境打下坚实的基础，特别基于化工行业的防爆、防腐蚀设计等可以作为一个通用平台架构，以化工厂为对象，开拓更多无人区域行业中所需，打造一体性的机器人无人区管理系统，全面实现智能服务的产业升级。

三、无人驾驶技术在矿山领域取得初步探索和应用

矿区生产安全隐患多，运输车辆大、盲区多，如何杜绝安全事故一直是生产企业关注的重点。矿山无人驾驶是智能矿山的组成部分，包括矿车、矿用装载机、钻机等采运设备的无人驾驶，以及远程管理系统。矿山无人驾驶系统通过系统决策规划和车载传感器对环境感知，自动驾驶矿用设备进行采运作业，有利于实现运输环节的无人化，极大减少了作业人员伤亡事故，实现生产作业的本质安全。

目前国内无人矿山解决方案由三层体系构成：一是无人驾驶矿车；二是远程操作挖掘机、钻机、破碎机等设备；三是构建云端管理调度系统，借助 5G 技术，对矿山进行智能调度管理，实现无人化。当前，无人驾驶技术在矿山领域已取得初步探索和应用。在鄂尔多斯煤炭行业，井上矿区、井下综采面和主井巷道已实现 5G 网络覆盖，5G "一键采煤" "高清视频回传" 等应用均已落地，无人矿山建设初具雏形，逐步实现 "少人、无人、以机械换人" 的安全高效开采，煤矿的智能化建设正在逐渐成为常态。此外，中煤科工集团重庆研究院自主研制了煤矿井下全自动钻机，填补了国内外煤矿自动钻探装备的空白，相关核心技术达到国际领先水平，助力实现煤矿生产少人化、无人化，平均提高生产效能20%以上。

第五章

公共卫生领域

第一节　基本情况

公共卫生在安全应急领域主要涉及医用防护设备和产品的生产及应急医疗物资储备体系建设。习近平总书记十分重视公共卫生领域，再三强调，要进一步健全完善国家公共卫生应急管理体系，须将应急物资保障纳入国家应急管理体系建设的重要任务。2023 年 2 月，应急管理部、国发委、财政部、国家粮食和储备局共同印发《"十四五"应急物资保障规划》，同月，隶属国务院下属的联防联控机构在巩固疫情防控重大成果的发布会上做出响应，指出进一步强化我国医疗机构应急物资和药品的相关储备是当前的重中之重。"十四五"期间，我国要持续加大医疗机构对应急药品和物资的相关储备和管理力度；强化完善与生产企业间的储备合作机制，保障应急药品和物资供应的充足；确保重点药品物资的应急采购和跨区域调配工作的合理性以及资源平衡分配的公正性；国家传染病救治基地、紧急医学救治基地以及国家区域医疗中心和大型公立医院等医疗机构要切实发挥其应有的作用，并注重加强各机构、各区域间的相互支援和相互协调。

我国在 2022 年持续增加口罩、防护服、医用设备等应急物资的生产能力，进一步加强了相关产业链的建设和供应链的稳定，以确保足够的应急物资供应，以应对潜在的突发公共卫生事件。此外，我国在应急医疗物资储备体系建设方面做了广泛而深入的工作，各地积极探索适合本地实际的建设模式，并取得了显著进展，为应对突发公共卫生事件提供了重要保障，提高了公众的医疗安全和防护水平。

一、医用防护产品产业链概况

医用防护产品的产业链涉及范围主要有：原材料采购、生产加工、质量检测、销售和物流等。其中原材料采购这一环节，因为医用防护产品的生产需要使用多种材料，如纺织材料、滤材、橡胶、塑料等。而纺织材料是医用防护服和口罩的主要原材料之一。我国的纺织工业比较发达，也有一定的滤材、橡胶、塑料等相关产业，因此能为医用防护产品提供足够且有质量保障的原材料（见图 5-1）。

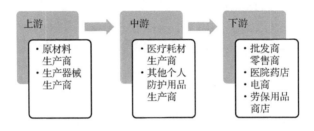

图 5-1 医用防护用品产业链

（数据来源：根据公开资料整理，2023.05）

有了原材料的保障，生产加工也尤为重要，医用防护产品制造需要严谨的生产工艺和科学的技术要求。从事医用防护服和口罩等产品生产的制造商通常需要拥有专业的生产设备和技术。我国从事制造医用防护产品的企业众多，生产规模小大不等。据中国医疗器械行业协会公布的数据统计，截至 2020 年年底，我国从事医用防护产品生产的企业数量已超过 2000 家。其中，从事口罩生产的企业数量就超过 2000 家，医用防护服生产企业数量超过 500 家。产品质量参差不齐。

质量检测是关键环节，医用防护产品需要严格把关，要经过多次的检测和认证，以确保其符合相关的国家行业标准。国家卫生计生委和国家药监局等部门对医用防护产品的质量和安全性有着严谨科学的质量要求，各生产企业首先要把好产品质量检测和监控这一关。

医用防护产品的销售和物流通常通过各级医疗机构和药店，重点针对医院和疾控中心等机构。面对疫情的泛滥，医用防护产品的物流急需做到快速响应和紧密配合，确保争分夺秒的防控防疫工作顺利进行。

目前，我国医用防护产品产业链日臻成熟，相对完整的产业链和配套体系日趋完善，基本能够满足医疗机构和民众需求。

二、重点医用防护物资生产现状概况

我国用于出口的医用物资主要有口罩、防护服、手套、护目镜、呼吸机、医用纺织品、注射器、输液器、医用器械等。这些在全球范围内都有广泛需求的产品，在疫情泛滥期间发挥了巨大作用，为满足海外市场的需求，我国加大了应急医用物资的生产和出口，其中，2022 年我国口罩的产值达到 100.4 亿元，其中医用口罩产值占比超过一半，达到 52.5 亿元。

《安全应急产业分类指导目录（2021 年版）》中涉及医用防护设备和产品的部分见表 5-1。

表 5-1　《安全应急产业分类指导目录（2021 年版）》中涉及
医用防护设备和产品的部分

大类	中类	小　类	范　畴	参　考　事　例
监测预警类	公共卫生事件监测预警类	农产品质量安全监测预警产品	能够对造成或可能造成社会公众严重损害的重大传染病疫情、群体不明原因疾病、重大视频安全和职业危害以及其他严重影响公众健康的事件进行实时监督，并据此对公共卫生事件的发生和发展趋势进行预测和警示的产品	农产品质量安全监测系统等
		药品食品安全监测预警产品		食品安全快速检测设备、药品安全检测设备等
		生产生活用水安全监测预警产品		饮用水快速安全检测和监测预警系统、应急水质监测设备等
		传染病疾病监测诊断预警产品		群体性不明原因疾病监测预警系统、新发传染病检测试剂和仪器等
		动物疫情监测预警产品		野生动物疫源疫病远距离视频传输设备、野生动物疫源疫病监测信息数字化采集设备、禽流感等动物疫情监测仪器设备等
		公共场所体温异常人员监测预警产品		红外体温检测设备等
		其他公共卫生事件监测预警产品		

续表

大类	中类	小 类	范 畴	参 考 事 例
应急救援处置类	生命救护类	紧急医疗救护产品	能够为突发事件尤其是公共卫生事件的紧急医疗救护工作提供保障的产品	医用口罩、医用防护服、隔离衣、呼吸机、颈托、担架、各类特效药及疫苗、除颤起搏器、救护车、移动手术车等

数据来源：根据公开资料整理，2023.05。

（一）医用口罩

医用口罩的需求稳步增长，尤其在防疫时期对医用物资需求猛增。医用口罩既防外部有害分泌物、血液、飞沫、气体、有害气味等物质进入，又防止佩戴者的口鼻处外溢有害物。医用口罩根据其功能特点分为不同类型，如普通医用口罩、医用外科口罩和医用防护口罩等。生产企业只有在获得相关医疗器械注册证之后，才有资格生产医用口罩。医用口罩的产业链上游主要包括熔喷布、PP 无纺布、挂耳带、鼻梁条等原材料，还需要口罩带点焊机、口罩打片机、口罩包装机等设备。在这些原材料和设备中，熔喷布和无纺布的产能是保障医用口罩供应的核心要素。

2018—2022 年中国口罩产值见表 5-2。

表 5-2　2018—2022 年中国口罩产值

年 份	产值/亿元	增 长 率
2018 年	90.9	14.92%
2019 年	102.4	12.65%
2020 年	115.5	12.79%
2021 年	130.3	12.81%
2022 年	100.4	−22.95%

数据来源：根据公开资料整理，2023.05。

我国医用口罩生产企业分布广泛，根据地域划分主要集中在沿海地区和内陆省份的制造业中心。沿海地区的生产厂家主要集中在广东、浙江、江苏和福建等省份，其中广东是医用口罩生产的重要基地之一。内陆省份城市逐渐发展为我国医用口罩生产的重点区域，如河南省郑州、洛阳等地。仅河南、江苏、江西、湖北、广东和山东这六个省份的生产企业占医用口罩生产企业总数的 70%以上。截至 2021 年 11 月，我国已经有 2923 家企业跨入持有医疗器械注册证的医用口罩生产企业的行列。

（二）自动体外除颤仪

自动体外除颤仪是一种便携式电子医疗设备，用于对心脏室颤和心室扑动等心脏骤停情况进行紧急除颤。近年来，我国的自动体外除颤仪行业（AED）得到了显著发展。根据 Frost & Sullivan 的数据，自 2015 年以来，我国对 AED 配置工作的重视不断增加，推动了 AED 市场的快速增长。在 2015 年至 2020 年期间，自动体外除颤仪市场规模呈现出年均复合增长率达到 14.9%的高速增长趋势。

到 2022 年年初，我国国内出色的 AED 企业包括久心医疗和迈瑞医疗等。此外，各省市也开始制定大量与 AED 相关的政策，推动我国自动体外除颤仪行业进入发展阶段。虽然我国自动体外除颤仪行业规模相对较小，暂时没有官方机构对行业产量进行统计，但可以根据代表性上市企业迈瑞医疗近年来的产量变化来了解自动体外除颤仪的生产情况，该企业的 AED 产量从 2015 年的 0.99 万台增加到 2021 年的 11.65 万台，一直呈现线性增长趋势。由此可推断，随着利好政策的推出和需求缺口的出现，我国自动体外除颤仪的供应水平正在稳步提升。除迈瑞医疗外，鱼跃医疗作为该领域的龙头企业，也在加快布局自动体外除颤仪市场。截至 2022 年 4 月，鱼跃医疗已经在全国范围内投放了超过 20000 台 AED 设备，并且每年的急救培训授课时间已经突破了 3000 小时，培训的持证急救志愿者数量也超过了 10000 人。此外，根据鱼跃医疗的 2021 年年报数据，公司的国内 AED 业务在 2021 年同比增长超过 30%。综上所述，可以看出我国自动体外除颤仪龙头企业的布局进程正在加速。

三、应急医疗物资储备库建设概况

2016 年，国家启动了应急医疗物资储备库的建设预案，在全国范围内大规模建设储备库、调配中心和应急响应机制等措施落地，旨在提高对应急医疗物资的储备和调配能力。截至 2021 年 9 月，中国已经基本上完成了建立国家、省、市三级应急医疗物资储备库体系的工作，医疗物资储备涵盖了医用口罩、防护服、护目镜、呼吸机等医用物资。国家卫健委统计的数据显示，截至 2020 年年底，全国范围内建立了国家级应急医疗物资储备库 32 个，省级储备库 257 个，市级储备库 1135 个。2018 年，湖南省率先启动了应急医疗物资储备库建设预案，建设了省级储备库和地市级储备库，之后，医疗应急物资储备库将纳入全省的应急医疗物资平台统一管理。这个储备库共储备了五大类应急物资，包括个人防护用品、医疗器械、消毒和杀菌器械、战略物资和各类应急医疗药品等。同年，江苏省也在全省范围内建立了应急医疗物资储备库，为应急救援工作的顺利开展提供保障。2020 年面对新冠疫情肆虐，各省市政府迅速实施加强应急医疗物资储备的措施，及时有效地确保医疗物资供应能力和质量。例如，湖北省坚决果断采取了一系列针对新冠病毒的措施，建立了超过上万平方米的省级储备库和市级储备库，储备了充足的医用物资和防疫物资。与此同时，我国进一步提升应急医疗物资的生产能力，国家医疗器械紧急备案制度和应急生产保障机制应势而生，保障了应急医疗物资的供应。在新冠疫情期间，我国的应急医疗物资储备库充分体现了其存在的价值，为稳定疫情，保障人们生命安全做出了重大贡献。

第二节　发展特点

一、产能和技术储备等是公共卫生领域建设要务

一方面，受新冠疫情影响，我国加大了对应急医用物资的产能储备和技术储备，体现在加大口罩等医疗物资大规模生产基地的建设步伐，强化物资生产的集中化管理，迅速提高医疗物资生产效率，保障防疫物资需求。位于交通枢纽型城市的政府迅速调整战略，依靠当地的医疗器械企业或物流基地建设隶属全国、各区域和省级的医疗物资储备中心，快速形成应急物资在不同层面间的辐射能力。以政府拨款、社会捐赠和市场参与的新型合作模式，构建了具有前瞻性的多体系储备格局，其中

实体物资储备、虚拟技术储备、仓储储备和产能储备更是具有突破性，而应急技术储备与技术交易的联动发展体系，完善的供应链服务和第三方物流等功能的建立，也以快速而精准的物资调运和分拨能力为抗疫保驾护航。

另一方面，我国提升公共卫生机构实验室的能力建设，增强其在疾病预防、监测和应急响应方面的能力。一是加大了对公共卫生实验室设施的投资，致力于提高设施的标准和质量。这包括改善实验室的基础设施，如建筑物、通风系统、供电系统和安全设备，以确保实验室运行的高效性和安全性。二是建立了完善的实验室质量管理和认证体系，确保实验室工作符合国际标准和规范。这包括建立实验室质量管理体系、开展内部和外部质量评估，以及获得相关的认证和资质。三是加强实验室的应急能力。这包括建立紧急响应机制、加强实验室的病原体检测和病毒溯源能力，以及提供紧急采购和快速检测的支持。四是重视实验室人员的培训和技能提升，通过举办培训班、研讨会和交流活动，加强实验室人员的专业知识和技术水平。这有助于提高实验室工作的质量和效率，并促进与国际同行的合作与交流。

二、新冠疫情重构公共卫生领域安全应急产业建设

我国在新冠疫情期间通过加强公共卫生领域安全应急产业建设，提高了公共卫生系统的应对能力和整体安全水平。这些举措不仅对中国本土的疫情防控有着积极影响，也为全球公共卫生安全做出了贡献。一是加强基础设施建设，以更好地应对公共卫生突发事件。这包括扩大医疗设施的规模和能力，增加隔离病房和重症监护单位的数量，提高设备的先进性和应急响应能力。二是注重完善疾病监测和信息系统，以更加及时、准确地掌握疫情信息。通过建立健全的疾病监测网络和信息共享机制，可以更快速地发现、报告和响应疫情，从而采取相应的控制和防范措施。三是推动科研创新和疫苗研发，我国加大了对科研机构和生物医药企业的支持力度。通过提供资金支持、加强科研合作和知识产权保护，鼓励科研人员和企业进行疫苗研发和相关技术创新，以提高疫苗的研制速度和质量。四是加强公共卫生人力资源的培养和储备。通过加强教育培训和专业素质提升，我国培养了一支高素质的公共卫生从业人员队

伍，他们具备丰富的经验和应对突发公共卫生事件的能力。

三、细分领域受公共卫生事件影响呈现波浪式增长

新冠疫情对公共卫生领域内的安全应急细分产业发展产生了几大影响。以口罩为例，口罩产业在新冠疫情期间经历了快速发展和重大影响。新冠疫情爆发后，口罩成为防护物资中的核心产品，在短时间内经历了爆发性需求增长，生产和供应能力面临巨大压力。面对需求的激增，我国口罩产业快速扩大了生产能力，许多企业转产口罩，增加了生产线和设备，2020 年我国口罩产量同比增速达到 102%，2021 年同比增速降低 6.93%，产量及产能皆如过山车般起伏。然而，随着疫情得到控制和全球疫苗接种的进展，口罩需求逐渐减少，人们的口罩使用量也相应下降。这导致口罩产业面临了市场需求下降的挑战。这也促使我国的口罩制造企业开始转型升级，寻找新的增长点。一些口罩制造商开始研发高端口罩、可重复使用口罩和其他相关产品，以应对市场需求的变化。

第六章

社会安全领域

在安全应急产业中，社会安全领域是为社会安全事件应对工作提供产品、技术和服务保障的关键领域，社会安全领域相关产业的安全应急保障能力与我国能否实现社会稳定和长治久安息息相关。随着信息化、智能化技术在人民群众日常生活和生产过程中的快速普及，作为应对《中华人民共和国突发事件应对法》规定的四大类突发事件——社会安全事件提供保障的基础性领域，以安防产业为首的社会安全领域发展面临新契机。随着新一代信息技术的应用布局，新技术、新模式、新业态在社会安全领域不断涌现，自 2002 年开始，天网工程、平安城市、智慧城市、雪亮工程等陆续上马实施，我国社会安全基础设施建设逐渐实现了由城市到农村、由重点点位人力排查到全覆盖、自动化、信息化的阶段转变。安全理念与基础设施的快速发展，为我国社会安全领域扩大产业规模、提升发展质量提供了广阔空间。

第一节 基本情况

一、智慧城市建设成效显著

智慧城市是我国安全应急产业社会安全领域发挥自身安全应急保障能力的主要阵地。作为我国城市建设及管理模式的前沿，智慧城市能够充分发挥新一代信息技术的优势，有力提升城市管理数字化、智能化水平，从而提升城市运行效率、提升城市本质安全水平、增强应急能力，进而实现城市安全稳定发展。在具体产品方面，从广义上来说，智慧城市产品涉及安全应急产业中的多个细分领域，在智慧城市建设中以防火阻燃材料、隔热材料、防水材料、耐腐蚀材料、绝缘材料等安全材料为主；在智慧城市运营中则更多依靠城市基础设施专用安全装备、建筑安全检测与产品、交通安全监测预警产品、火灾监测预警产品以及各类社会安全事件监测预警产品等；在突发事件响应过程中，智慧城市则更关注各类应急救援处置类产品。目前智慧城市领域更多关注以信息化平台为主的城市数字化管理、应急响应过程，具有针对行业痛点、集中资源促进行业创新转型的特点。在创新研发方面，以企业为主的自主创新模式在我国智慧城市发展中起到了重要作用，华为、科大讯飞、腾讯、阿里、中国电子、联通数科、中国电科及百度等头部企业在助力地方构建智慧城市云服务平台、智慧教育、智慧交通及政务信息化系统等方面已经取得了一定成效。

2022 年，我国各地在中央部委各政策文件精神的指引下，积极开展智慧城市建设布局。2022 年 5 月，深圳市发布了《深圳市数字政府和智慧城市"十四五"发展规划》，提出到 2025 年要将深圳市打造国际新型智慧城市标杆和"数字中国"城市典范，成为全球数字先锋城市，到 2035 年实现数字化到智能化的飞跃；同月，福建省泉州市发布了《泉州市智慧城市专项规划》，提出到 2025 年建成具有深度自我学习能力的海丝（海上丝绸之路）智能体，服务"十四五"泉州智慧城市建设取得"七新"突破，全力打造海丝数字应用标杆城市，成为"数字中国"的城市典范；6 月，成都市发布了《成都市"十四五"新型智慧城市建设规划》，全面开展智慧蓉城建设；同月贵州省发布了《贵州省"十四五""智慧黔城"建设发展规划》，通过全面推广，在 2022 年支持 20 个左右综合条件好、辐射带动力强的城市进行试点示范。

二、消防行业向智慧消防转型升级

消防行业是为火灾预防和处置工作提供技术、装备和服务的行业，是为居民生活、工业生产中的火灾安全隐患提供防范和应急处理技术、装备和服务的必要保障行业。自 2001 年我国消防行业由备案、许可制度转为市场准入制度以来，我国消防行业市场化水平快速提升，低端市场迅速进入成熟期。随着新一代信息技术在居民生活和工业生产中的广泛应用,智慧消防成为消防行业由成熟期回归增长期的重要窗口。目前,消防行业以遍布各地的中小企业居多,部分企业自主创新能力弱、企业辐射范围和产品质量限制保障能力、部分地区存在地方保护主义等多种原因,导致消防企业难以进入其他区域市场,限制了优质企业的后续增长空间。

我国消防产品市场规模如图 6-1 所示。

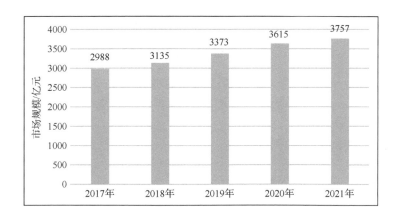

图 6-1　我国消防产品市场规模
（数据来源：安全产业所整理，2023.05）

2017 年 10 月,公安部消防局发布了《关于全面推进"智慧消防"建设的指导意见》,消防行业向智慧消防快速转型,智慧消防市场呈现短期爆发式增长,随着智慧消防装备的普及而增速放缓。在新一代信息技术的普及下,智慧消防发展趋势由以产业增速为主逐渐向提升产业质量转变,高端消防车、消防无人机、自动消防水炮、智慧森林消防平台等信息化、数字化、无人化的远程、自主高端智慧消防技术装备成为智慧消防的主要发展方向。随着未来高端智慧消防装备产业化水平的提升,我国智慧消防市场有望迎来新的增长点。

我国智慧消防市场情况如图 6-2 所示。

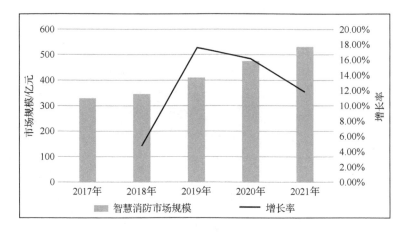

图 6-2　我国智慧消防市场情况
（数据来源：安全产业所整理，2023.05）

三、安防产业平稳增长

安防产业是安全应急产业在社会安全领域的具体体现形式之一。安防产业能够直接为城市社会安全防治活动提供保障，能够为居民提供个人防护、家庭防护用品，能够为重点单位和重点目标提供定制化安全防范服务，能够为政府管理机关提供综合管理产品和技术手段。安防产业的主要产品为各类社会安全事件监测预警产品，并以城市公共安全监测预警产品和群体事件安全监测预警产品为主，通过摄像头、监控平台、安检设备等技术装备为社会安全工作提供保障。经过多年的发展，安防产业总体已进入成熟期，产业规模变化平稳，新一代信息技术的应用有望激起产业发展活力，促进安防产业服务供给质量提升。

2022 年我国安防产业发展形势与全国经济形势同向而行。据中国安全防范产品行业协会统计，2022 年我国安防产业景气程度总体呈现高开低走态势，总体景气程度不如 2021 年。受 2022 年 3 月我国部分地区发生的第二轮新冠疫情冲击影响，我国安防产业的产业生产活跃程度、内销市场销售额、外贸出口额、盈利情况等均有所下降，使得二季度部分安防产业企业流动资金紧张、债务增加，导致企业缩减了固定资产和科研创新的投入额度，企业劳动力需求也有所减少。其后随着全国经济发展态势的快速恢复，三季度安防产业有所回暖，各指标较二季度有大幅提升；四季度受疫情大面积反弹、国际局部地缘冲突影响，各指标有所回落，但仍高于二季度的水平。总体来讲，2022 年在新冠疫情影响下，我国安防产业发展面临挑战，2023 年安防产业前景向好。

四、政策推动支持社会安全领域发展

2022 年，我国各级政府推出了一系列政策，从智慧城市、数字乡村两个大方向，集合多个维度支持社会安全领域发展。

2022 年 3 月，住房和城乡建设部发布了《"十四五"住房和城乡建设科技发展规划》，将城市基础设施数字化网络化智能化技术应用、城市防灾减灾技术集成等列入了重点任务，要求推动新一代信息技术在城市建设运行管理中的应用，开展智慧城市与智能网联汽车协同发展等关键技术和装备研究。同月，国家发展改革委印发了《2022 年新型城镇化和城乡融合发展重点任务》，要求加快推进新型城市建设，提升智慧化水平；要求促进城乡融合发展，推动城镇基础设施向乡村延伸、公共服务和社会事业向乡村覆盖。

4 月，《2022 年数字乡村发展工作要点》提出要加强数字乡村建设，提升乡村数字化治理效能，提升乡村社会治理数字化水平，深化智安小区、平安乡村建设，继续加强农村公共区域视频图像系统建设联网应用，积极推进视频图像资源在疫情防控、防灾减灾、应急管理等各行业各领域深度应用。

5 月，国务院办公厅印发了《关于推进以县城为重要载体的城镇化建设的意见》，提出要推进数字化改造，发展智慧县城。6 月，国务院《关于加强数字政府建设的指导意见》提出积极推动数字化治理模式创新，提升社会管理能力，即推进社会治安防控体系智能化、推进智慧应急建设、提高基层社会治理精准化水平，加强"雪亮工程"建设；同时以数字政府建设全面引领驱动数字化发展，推进智慧城市建设和数字乡村建设。

6 月，国家发展改革委印发了《"十四五"新型城镇化实施方案》，要求推进以县城为重要载体的城镇化建设，加强数字化改造；在城市和县城推进智慧化改造，推行城市运行一网统管，探索建设"数字孪生城市"，推进市政公用设施及建筑等物联网应用、智能化改造，部署智能交通、智能电网、智能水务等感知终端，丰富数字技术应用场景。

7 月，《"十四五"全国城市基础设施建设规划》发布实施，要求在"十四五"期间推动建设宜居、绿色、韧性、智慧、人文城市，到 2035 年全面建成系统完备、高效实用、智能绿色、安全可靠的现代化基础设施体系；要求加快新型城市基础设施建设，推进城市智慧化转型发展，推动城市基础设施智能化建设与改造，实施城市基础设施智能化建设行动。

8 月，中央网信办等发布了《数字乡村标准体系建设指南》，提出到 2025 年初步建成数字乡村标准体系，制定了数字乡村标准体系框架，并给出了 4 个标准化建设路径。

12 月，科技部等印发了《"十四五"城镇化与城市发展科技创新专项规划》，要求提高城镇规划建设科学化水平与城市运行智慧化水平；要求加强城市更新与品质提升系统技术研究，以城市全生命周期管理和市政设施运维安全高效、智慧智能、集约节约为目标进行关键核心技术研究，全面提升城市品质。

第二节　发展特点

一、社会安全治理与数字化加速融合

数字化、智能化是当前我国安全应急产业各高端领域发展的总体方向，也是安全应急产业社会安全领域发展的主要特点。物联网、大数据等新一代信息技术的应用改变了人民群众的生产生活方式，在为社会安全领域开拓了新发展空间的同时，也为社会安全领域提升安全应急保障作用提出了更高要求。社会安全领域的数字化、智能化发展，意味着智慧城市领域城市智慧大脑信息化管理效能的智能化升级，意味着消防行业技术装备由有人化向无人化迈进，意味着安防行业监控能力的飞跃提升和人工智能在社会安全类隐患排查中的广泛应用。社会安全领域的数字化、智能化转型，将以往由人力进行的隐患排查、监控预警、应急处置等应急处置流程的部分环节改由具有数字化交互能力和智能化研判能力的信息化系统处理，将社会安全事件处置人员的精力解放出来，在

将体力劳动转为脑力劳动的同时，尽可能降低应急响应工作对人产生的危险性。在智慧城市领域，数字化、智能化的城市生命线系统能够对城市管网的风险点进行实时研判，在代替以往缓慢、耗时、高风险的人力排查时具有快速、实时、对人力工时要求低等优势。在消防行业，各类自动化灭火设备和火情快速排查系统能够快速发现火情并消灭、报警，有力降低了达到相应消防能力所需的人员巡检密度。在安防领域，以人工智能为主的图像识别技术能够快速实现嫌疑人识别、异常状况识别等功能，在公安抓逃方面效果显著。

二、以平台为中心实现多跨联动

新一代信息技术的应用促使社会安全领域向数字化转型，作为数字化安全应急体系的中心，各类安全应急平台在发挥自身监测预警响应能力和研判作用能力的同时，还起到了跨层级、跨地域、跨系统、跨部门、跨业务联动等多种功能。突发事件的各类次生、衍生事件种类多样，致灾因子和承灾载体可能存在于各个行业领域，单一部门、单一行业难以为种类多样的突发事件提供安全应急保障。各地建立的政法委跨部门大数据办案平台、跨部门重点人群联防联控平台等为社会安全领域平台化发展的典型实例，该类平台创建的目的是将应急准备、现场处置、风险评估、事后改进等涉及不同部门的多个安全应急环节通过平台形成联动，最终实现横向打通公检法多个部门，纵向贯通中央、省、市、县、乡等多个行政层级的高跨越度、高联动性的社会安全应急响应平台。平台化发展是未来安全应急产业社会安全领域信息化系统的总体趋势，以平台为中心，联合众多力量群策群力将突发事件隐患扼杀在摇篮中，将是社会安全领域发展的主要方向。

三、保障机制由被动向主动转化

由事发后的被动应急向事发前的主动防护转移，是安全应急产业发展的总体思路，也是近年来社会安全领域发展的主要特点。智慧城市、智慧消防、智慧安防等，都是社会安全领域细分行业借助新一代信息技术普及东风，由被动应急向主动安全转变的具体实践。智慧城市是城市安全领域的发展前沿，其通过信息化技术提升城市管理及应急响应能力，以提升城市本质安全水平为方向，专注于城市风险隐患和应急响应工作的信息化管理，将事故灾难扑灭在隐患阶段，切实阻止突发事件的发生，实现了保障思路由被动向主动的转化。智慧消防是消防行业的未来发展方向，其重点领域之一是以卫星遥测、红外视频监测、无人机消防为主的森林消防领域，该内容通过遥测森林红外高热点研判火情隐患，从而助力森林消防人员在火情发生前即开展人工降雨、应急准备等准备工作，提前消除隐患或做到火情的早发现、早出动、早扑灭。安防行业本身即具有主动属性，安检机、视频监控等技术装备广泛应用的目的之一，即为在发生城市重大公共安全事件前扑灭事件苗头。随着安防行业向智慧安防的发展，城市的公共安全事件隐患响应能力快速提升，以各类城市公共安全应急处理平台为主的技术装备，能够通过大数据、云计算、人工智能分析等技术，提升城市风险隐患排查处理的效率，做到早发现、早处置。

区 域 篇

第七章

京津冀地区

第一节 整体发展情况

京津冀地区是中国的"首都经济圈",京津冀城市群包括北京、天津两大直辖市,更囊括了河北省保定、唐山、廊坊、石家庄、秦皇岛、张家口、承德、沧州、衡水、邢台、邯郸等城市,是我国经济最具活力、开放程度最高、创新能力最强的地区之一。推动京津冀协同发展,是以习近平同志为核心的党中央在新时代条件下做出的重大决策部署,是促进区域协调发展、形成新增长极的重大国家战略。

京津冀地区安全应急产业基础雄厚、产值规模大、企业数量多,是全国安全应急产业发展的示范引领区。2015 年,首批国家应急产业示范基地 7 家单位中京津冀就有 2 家,分别是中关村科技园区丰台园、河北怀安工业园区,2019 年第三批国家应急产业示范基地评选河北省唐山开平应急装备产业园入选,在 2022 年工业和信息化部、国家发展改革委、科技部三部委公布的国家安全应急产业示范基地(含创建单位)名单中,河北省保定国家高新技术产业开发区、河北鹿泉经济开发区两家在列。京津冀区域已经拥有 5 个国家安全应急产业示范基地,安全应急产业发展进一步聚集,自主创新能力不断提升,产业发展规模不断壮大,攻关突破了一批高端安全应急装备和技术,搭建了一批国家安全应急技术装备研发、安全应急产品生产和安全应急服务发展的示范平台,起到示范引领作用,带动京津冀区域经济安全发展。

京津冀三地工信部门携手共进，通力协作，联合主办京津冀应急产业对接活动，从 2020 年 9 月起，由京津冀三地工信部门联合举办了第一届京津冀应急产业对接活动，签订了《进一步加强应急产业合作备忘录》，2021 年推动三地联盟签订了战略合作协议，2022 年三地工信部门充分利用协调联动机制，积极协调防疫物资稳产保供，有效应对疫情防控。京津冀地区已经成为我国北方安全应急产业发展的主要阵地，是全国最大的应急产品、应急装备、应急物资供应地，有最多的安全应急产业园区。河北省已经成为全国安全应急产业集群发展的典型区域。北京聚集了全国优秀的科技、人才和金融资源，形成了安全应急领域关键技术研究的中坚力量。天津地区以滨海新区为主体、以港口城市为特点，目前正在积极构建国家应急产业示范基地。京津冀三地充分发挥各自的优势和资源融合作用，促进京津冀三地应急产业政策落到实处、企业产能与土地资源高效配比、科技资源有效配置、技术人才有效保障，补充产业园区发展短板，强壮应急产业链条环节，打造了京津冀安全应急产业极具特点的产业链、技术链、人才链、资金链和市场链高质量协同发展模式。

第二节　发展特点

一、安全应急产业转移承接向纵深推进

一是以京津冀协同发展为契机，推动安全应急产业发展平台建设。加速推进京津冀安全应急产业转移，目前基本形成了"京津研发、河北制造，北京研发、津冀转化"的安全应急产业融合发展的空间布局。北京、天津具有安全应急产业全链条的产业资源，积极打造安全应急产业展览展示中心、商贸交易平台、研发科创平台和教育培训基地等，形成高品质的安全应急服务产业集聚区，河北形成了"4720"安全应急产业发展的新格局，唐山、石家庄、保定、张家口重点突出，邢台、邯郸等特色鲜明，通过三地连续多年的京津冀安全应急产业对接会持续增强京津冀区域内产业协同配套能力，共同打造具有竞争力的应急产业集群，培育京津冀新的经济增长点。二是以落实京津冀三地工信部门《进一步

加强应急产业合作备忘录》为抓手，推动一批京津冀应急产业合作项目签约落地。京津冀三地工信部门不断加强沟通联系，深化对接合作，一批产业合作项目签约落地，以河北为例，2022 年，河北应急产业规模超过 3000 亿元，较 2018 年增长 30% 以上；应急企业数量超过 2600 家，应急产品超过 3000 种，初步形成京津冀区域安全应急产业集群特色鲜明，区域内形成了全产业链布局、全创新链协同，京津研发、河北省内优势区域高效转化的新趋势，京津冀三地协同发展、互利共赢新局面。京津冀三地强化安全应急产业协同创新，组织实施产业链招商、精准招商、平台招商，在实现安全应急产业高质量发展中发挥示范带动作用。

二、安全应急产业互补"链动"融合加速

一是京津冀三地充分发挥自身比较优势，推动创新链产业链人才链资金链融合发展。明确在安全应急产业分工体系，京津科研资源丰富，但是产业发展空间受限，河北有着充足的发展空间和雄厚的生产制造基础，京津冀三方可实现优势互补，共同发展壮大应急产业集群，通过重点安全应急产业间互补融合，提高产业链、创新链、供应链的融合度和稳固度。二是京津冀三地错位发展，实现资源互补、协调联动的发展模式。初步形成了高端研发立足北京、成果转化辐射津冀的安全应急产业协同集聚区，北京基于研发优势，重点发展安全应急高端装备研发，积极培育和发展安全应急装备、智慧应急、安全防护等重点产业链；天津基于制造优势，通过构建"1+3+4"现代工业产业体系，重点打造危险化学品、交通运输安全应急等核心产业链；河北围绕产业链现代化，谋划布局"9+8+4"安全应急产业发展体系，重点发展新型应急通信指挥装备、高精度应急预测预警装备、高可靠风险防控与安全防护产品、专用紧急医学救援装备和产品、特种交通应急保障技术装备、重大消防矿山等抢险救援技术装备、智能无人应急救援技术装备、突发事故处置专用装备、新型应急服务产品九大产业体系，明确八项任务和四大机制。通过重点产业链分工配套和联动发力，目前三地已实现安全应急全产业引领全国，重点产业同频共振和互补融合使三地安全应急产业协同水平迈上新高度。

三、安全应急产业发展集群效应显著

一是京津冀区域安全应急产业集群特色鲜明。区域内形成了全产业链布局、全创新链协同，京津研发、河北省内优势区域高效转化的新趋势。通过三地连续多年的京津冀安全应急产业对接会持续增强京津冀区域内产业协同配套能力，共同打造具有竞争力的安全应急产业集群，培育京津冀新的经济增长点。二是京津冀区域安全应急产业集群形成协同发展新格局。河北省积极对接京津的高端创新资源，承接安全应急产业转移，构建"京津研发+河北制造"的安全应急产业跨区域协同发展体系。河北省以国家安全应急产业示范基地为依托，加快张家口市怀安、唐山市开平、石家庄鹿泉、保定市四个国家安全应急产业基地的发展建设，在安全应急产业链条打造、创新链条协同、安全应急服务、市场培育、国际交流上，打造安全应急产业区域合作新样板、产业协同发展新样板。三是京津冀安全应急产业集群发展促进了应急保障能力新体系建设。加强跨区域安全应急管理培训，将跨区域应急处置工作作为安全应急管理培训重要内容，开展各级各类应急管理领导干部、应急管理工作人员及相关人员跨区域应急联动工作培训。构建京津冀安全应急产业跨区域协同发展体系，加强安全应急产业政策引导，充分发挥北京、天津安全应急产业研发、制造优势，不断创新京津冀三地安全应急产业融合发展方式，大力发展京津冀区域安全应急产业。推进京津冀自然灾害联防技术研究，开展京津冀地震灾害、洪水灾害、森林火灾等技术交流，结合各类自然灾害形成机理和风险现状，研究制定灾害防治应对措施，提高三地共同抵御灾害事故能力和水平。

第三节　典型代表省份—河北

河北省依托唐山、张家口、保定、石家庄、邢台、秦皇岛、廊坊、邯郸等市高新技术开发区和经济技术园区发展特色应急装备和服务基地，培育形成 4 个国家级安全应急产业示范基地、7 个省级安全应急产业基地、20 个特色产业集群格局，河北省"4720"产业发展格局初步形成，区域安全应急产业链创新链进一步完善，安全应急产业集聚效果

明显，截至 2022 年年底，20 个特色集群营业收入超 2000 亿元，产业集聚效应初显，河北省安全应急产业已经步入发展快车道。具体表现为以下几个特征。

一、产业发展顶层引领

河北省委、省政府高度重视安全应急产业发展，2020 年年初，由河北省政府印发《河北省安全应急产业发展规划（2020—2025）》，提出了打造服务京津冀、辐射全国、走向国际的应急产业新高地，以提升安全应急产业整体水平和核心竞争力，培育经济新增长点。安全应急产业连续两年写入政府工作报告，作为未来产业已写入省第十次党代会报告和《河北省建设全国产业转型升级试验区"十四五"规划》。配套印发《实施方案》《任务分工》《考核办法》《河北省安全应急产业示范基地创建指南（试行）》等系列文件，唐山、张家口等 10 个市编制应急产业发展规划。成立由工信部门牵头，发改、应急管理、科技、财政、金融等相关部门配合的河北省应急产业发展协调工作小组，形成了部门协同、上下联动的应急产业工作协调机制。聚焦《河北省安全应急产业发展规划（2020—2025）》任务目标，发挥应急、发改、科技等部门合力，多次召开专题会协同推进，研究解决重大问题。河北省安全应急产业发展协调工作小组办公室制定《河北省安全应急产业 2021 年工作要点》作为工作指南，提出做大安全应急产业规模，推进国家安全应急示范基地提质扩量，积极培育省级安全应急产业示范基地和应急物资生产能力储备基地（集群、企业），认定安全应急产业重点龙头企业。制定《河北省应急物资生产能力储备基地管理办法》（试行）和《河北省安全应急产业示范基地管理办法》（试行），指导各地科学有序开展省级安全应急产业示范基地建设。

二、产业载体重点建设

在创建国家应急产业示范基地方面。在张家口怀安和唐山开平申请"国家应急产业示范基地"基础上，2022 年各级政府支持河北省保定国家高新技术产业开发区、河北鹿泉经济开发区两家成功申请国家安全应急产业示范基地创建单位，积极打造国家级安全应急产业示范平台，成效显著。唐山市形成了以高新技术产业开发区为主体的智能无人应急救援装备和监测预警系统产业集群，消防特种机器人、巡检机器人国内市场占有率达 70% 以上；以开平为主体的矿用应急防护和抢险救援装备集群；以遵化为主体的危化品阻隔防爆和城市智慧应急生产集群；以玉田、丰润为主体的帐篷、编织袋产业集群；以深南为代表的钢锹产业集群，国内市场占有率达到 85%，占全国出口份额 90% 以上。张家口积极打造张家口怀安公共应急体验示范基地，2023 年 4 月举办第二届京冀两地安全应急产业协同发展交流会暨燕安京冀产业创新合作示范区产业合作推介会，加速推进了怀安和燕山战略合作协议的落实，促进了京冀两地企业、园区的互动交流，进一步推动了两地安全应急产业协同发展。

在布局省级安全应急产业示范基地方面。各级政府围绕落实《河北省应急产业发展规划（2020—2025 年）》，联合省发展改革委、省科技厅印发了《河北省安全应急产业示范基地创建指南（试行）》，推动认定培育 7 家省级安全应急产业示范基地创建单位：河北石家庄装备制造产业园、河北新乐经济开发区、燕郊高新技术产业开发区、保定国家高新技术产业开发区、河北徐水经济开发区、邢台经济开发区、河北邯郸复兴经济开发区（见表 7-1）。

表 7-1　河北省省级安全应急产业示范基地

基 地 名 称	主 要 发 展 概 况
河北石家庄装备制造产业园	2021 年应急产业营业收入 79 亿元左右，安全应急产业规上企业 30 余家。重点发展重大消防矿山等抢险救援技术装备、特种交通应急保障技术装备、智能无人应急救援技术装备、公共卫生事件专用药品等
河北新乐经济开发区	2021 年应急产业营业收入 26.5 亿元，应急企业数量 21 个，新增省级"专精特新"中小企业 5 家，省级"专精特新"示范企业 5 家，单项冠军 3 家。重点发展医用口罩、防护服及其关键原辅材料、医用耗材机械、采样管等卫生安全防护检测产品等公共卫生应急产业
燕郊高新技术产业开发区	2021 年应急产业营业收入 83.39 亿元，同比增长 29%，高新技术企业 135 个、省级"专精特新"企业 19 家、科技型中小企业 1339 家。重点发展呼吸机、智能机器人、应急保障车等应急救援装备，应急教育、安全应急救援培训等应急服务

续表

基 地 名 称	主要发展概况
保定国家高新技术产业开发区	2021 年安全应急产业营业收入 205 亿元左右，同比增长 10.81%。重点发展新能源和智能电网、移动供电设备、移动式应急照明系统等应急能源装备，铁路、隧道等监测预警装备。围绕安全应急产业链条，谋划建设了中创燕园半导体 LED 关键装备及智能生物设备项目等一批安全应急产业项目
河北徐水经济开发区	2021 年应急产业营业收入 46.78 亿元，同比增长 14%，应急企业 21 家。安全应急产业创新研发投入 2.05 亿元，占营业收入的 4.38%。重点发展大型工程抢险救援装备、地球物理勘探等应急预测预警装备
邢台经济开发区	2021 年应急产业综合产值实现 79 亿元，同比增长 16%。重点发展智能消防车、应急排涝装备等抢险救援装备，防火玻璃、矿山防止水高分子材料等安全防护产品
邯郸复兴经济开发区	2021 年应急产业营业收入 59 亿元，规上应急企业 19 家。重点发展土壤/大气/水污染快速处理装备等突发事故处置专用装备，架桥机、运梁机等道路应急抢通装备，应急安置房屋等

数据来源：赛迪智库安全产业研究所整理，2023.05。

三、市场主体梯度培育

河北省安全应急产业规模不断扩大，产业品类日益丰富，安全应急产业链条初步形成。截至 2022 年年底，河北省安全应急产业规模超过 3000 亿元，在巩固提升 2 个国家安全应急产业示范基地的基础上，又积极争取了 2 个国家安全应急产业示范基地，培育认定 7 个省级安全应急产业示范基地和 15 家应急物资生产能力储备基地（集群、企业），认定重点龙头企业 30 强，河北省安全应急产业关联规模以上企业达 1100 家，产品共计 3000 余种，涵盖了国家 13 类标志性安全应急产品和服务。在安全应急保障装备和物资生产、储备、供应、配置等方面，从预警、防护、处置到服务各领域，从政府、企业到科研机构，初步形成了安全应急产业链条。河北省着力培育一批龙头骨干企业，带动一批特色明显、创新能力强的安全应急产业领域的配套科技型中小企业，推动 150 余家安全应急领域"专精特新"中小企业发展壮大，积极推动申请了一批安全应急领域国家级专精特新"小巨人"企业。在智能救援装备、监测预警装备和产品、工程抢险装备和产品、应急防护装备和产品等特色行业新增规上企业 50 多家，在安全应急产业细分行业涌现出一批特色优势企业。在应急通信、应急装备、防护用品等细分行业涌现出如中国电科第 54 研究所、开诚重工、润泰救援、先河环保、新兴际华 3502 等一批优秀骨干企业，其中远东通信、傲森尔装具、新兴际华 3502 入选首批 30 家国家安全应急产业重点联系企业名单。形成若干具有国际竞争力的大型企业和一批安全应急特色明显的中小企业。

四、产业发展链式创新

大力支持安全应急企业与京津高效科研院所开展关键技术联合攻关。一是在自然灾害防治、城市安全保障、安全生产重大事故防控等方面组织开展技术攻关，重点支持救援无人机关键技术研究、城市生命线风险管控及应急救援关键技术研究、水上应急救援智能无人船关键技术及系统集成研究等。二是建设了职业装备功能性防护材料重点实验室、应急救援车辆产业技术研究院、河北省卫星通信应急应用技术创新中心等一批创新平台。三是围绕森林草原火灾监测预警系统等 8 个重点方向组织实施 16 个安全应急装备应用试点示范工程，推动先进安全应急装备科研成果工程化应用。四是支持防灾科技学院、华北科技学院、中国人民警察大学等高校院所，加快安全应急产业学科建设，促进应用研究与安全应急产业关键技术攻关的紧密衔接，推动产学研用深度融合，增加科技成果有效供给。

组织安全应急产业龙头企业实施一批科技成果转化项目。统筹资源建好一批技术创新中心、实验室等安全应急技术创新平台。形成了以产业技术研究院为平台，联合产业联盟、园区、基地和企业等主体，按照新型研发机构模式进行运作，突破阻碍科技成果产业化的体制机制障碍，推动河北省高校、13 所、54 所、718 所等驻冀央企安全应急领域相关的科技成果转化和产业化，加快实现安全应急产业的创新生态，以产业技术研究院为平台开展多方技术创新合作和成果转化，同时加大与京津冀协同创新转化力度，加大与国内发达地区、国外先进技术领域的合作，实现安全应急产业创新链和产业链衔接，打造一批安全应急产业试点示范工程，聚焦无人机、5G 通信、人工智能、工业机器人、新材料等技术在安全应急领域的集成应用，打造了多个"产品+服务+保险""产品+服务+融资租赁"等应用新模式，成为工信部安全（应急）装备

应用试点示范工程、自然灾害防治技术装备现代化工程及应急管理部应急救援装备相关示范工程。

五、政策支持保障有力

不断加大财政资金支持力度。省、市安排安全应急产业发展专项资金，重点支持国家和省级基地建设、重点领域安全应急解决方案和安全应急产品。2021 年，组织实施 5 个安全应急公共服务平台项目，给予 284 万元资金补助。支持 10 家省级应急物资生产能力储备基地 500 万元资金补助。支持安全应急产业实施技术改造，给予 19 个安全应急产业项目 6331.4 万元资金支持。发挥河北应急产业发展基金作用。在现有政府引导资金下设立省应急产业发展专项基金，对各类投资省内应急企业的基金规模达 3000 万元、投资期限 ≥ 两年，按其实际投资额 1% 比例给予一次性 ≤2000 万元奖励，产业基金将支持一批优质应急产业项目，扶持企业做大做强，同时对沪、深交易所主板以及中小板、创业板、新三板首发上市企业，按有关规定给予奖励。加大信贷支持力度。各地开展形式多样的科银企对接活动，通过小团组精准对接等活动，为京威汽车、河北振创电子等上百家应急生产企业授信超过百亿元。发挥各地市级信贷纾困资金效益，为布莱斯科、河北时硕微芯等上百家应急生产企业发放贷款贴息资金超过千万元。加大推广应用支持，将安全应急领域产品和软件纳入重大技术装备首台（套）、新材料首批（次）和软件首版（次）产品综合保险补贴范围。

第八章

长三角地区

第一节　整体发展情况

　　长三角地区（简称"长三角"）包括上海市、江苏省、浙江省、安徽省。长三角地区产业基础良好、经济发达、市场化程度较高，是我国安全应急产业聚集效应非常显著的地区。长三角地区安全应急产业涉及光伏领域，集聚了《安全应急产业分类指导目录（2021年版）》中大中小三个类别中的所有产品及服务的供给企业，初步测算其安全应急产业规模超过5000亿元。近年来，长三角地区在工业总体策略上，鼓励企业做大做强、提升创新能力和信息化水平，高质量、绿色、集约发展，加快培育智能制造发展主体，鼓励区内企业进行智能化改造，完善创新和服务机制，为安全应急产业智能化发展提供产业和政策环境基础。在细分领域上，从引导产业集聚发展、鼓励企业自主创新、加快成果转化、优化创新创业环境等方面明确了相关的资金鼓励措施；从项目、研发、人才等多个角度支持安全应急相关企业发展。在创新创业方面，徐州、南通、温州、南京等多地印发了系列政策支持安全应急产业细分领域的发展，形成了较为完整的科技创新奖惩措施和政策体系。在人才政策上，从引才、育才、用才多个角度形成了较为完善的人才引育激励政策体系。在政务服务方面，规范、优化政务服务，提升为企业服务的能力，优化投资环境。

第二节 发展特点

一、以智慧化安全应急为核心抢占产业制高点

长三角抢抓数字经济变革时间窗口，成为全国安全应急产业数字化、智慧化转型升级发展新高地，实现长三角经济社会发展行稳致远。长三角注重将安全应急产品与物联网、大数据、云计算、人工智能等现代信息技术相结合，打造包括风险监测预警、安全防护、应急处置救援等众多细分领域的智慧化装备，在安全应急产业领域中形成核心竞争力。如江苏省徐州市高新区依托现有工业基础和信息技术优势，主动对接徐州主导产业之一的工程机械装备制造业，与中国矿业大学等当地科研院所的技术优势相结合，以矿山安全为抓手，最先在国内提出了"感知矿山"的概念，引领全国智慧矿山安全产业的发展。再如安徽省合肥市聚焦城市基础设施安全重点领域，在全国率先提出"城市生命线"概念，创新研发城市生命线工程安全运行监测系统，并在合肥市域范围内覆盖各类安全领域场景。"城市生命线监测系统"科技成果在合肥的示范应用获国务院、应急管理部、住房和城乡建设部等各部委的高度肯定，被誉为"清华方案·合肥模式"，并在北京、天津、宁波、唐山、石家庄、乌鲁木齐等国内 50 多个城市以及新加坡等 10 多个"一带一路"沿线国家进行应用推广。在构建新发展格局的时代背景下，长三角智慧安全应急产业的发展迈入新阶段。

二、长三角一体化发展促进要素资源自由流动

一体化是重要发展路径，通过有效一体化，使长三角三省一市形成合力，其最终目标是实现高质量发展。在安全应急产业发展一体化方面，长三角一体化已初步打破了行政壁垒，让各城市的资源充分发挥作用，各地区任何政策的出台充分考虑到左右邻居。长三角产业发展的资源要素一直位列全国领先地位，在科技、市场、资本等方面优势明显，产业与科技融合程度较强、创新能力突出。目前，长三角十分重视资源要素向安全应急产业倾斜，安全应急产业发展已从高速增长转向高质量发展阶段，处于优化产业结构的重要时期。上海市主要发挥龙头作用；浙江

省发挥数字经济优势，发展先进安全应急装备制造业和现代安全应急服务业双向融合模式；江苏省中高端制造业较为发达，重点打造高端安全应急装备；安徽省逐渐从劳动密集型产业向装备制造业过渡，四地将共同突破双循环发展格局下的技术进步的瓶颈，率先占领安全应急产业链的高端位置。

在科研资源方面，该地区依托各类高校院所和产业创新平台，通过科技项目引导和支持，全面建立国家、省、市级研发机构，加快突破行业共性技术和关键核心技术，加速科技成果转化和科创企业孵化培育，建立起以科研院所和龙头企业为主体、市场为导向、高等院校为支撑、"产业链、创新链、资金链、人才链、教育链"深度融合的支撑体系，推动安全应急产业培育壮大和传统优势产业转型升级，全面塑造创新发展新优势。

在资金投入方面，该地区十分重视安全应急产业的研发推广。近几年，该地区安全应急企业研发投入始终占据全国领先位置，2022 年投入占营业收入比重超过 5%。例如合肥经开区全区各类研发机构总数达434 家，2022 年企业研发总投入占 GDP 比重为 9.9%，达 110 亿元，有力推动安全应急领域前沿技术革新。此外，江苏、浙江地区，还专门设立关于安全应急装备研发、制造等的资金支持，有力促进了安全应急产业良性发展。

三、多领域覆盖形成安全应急产业高度集聚态势

长三角地区安全应急产业涉及领域十分广泛，包括了几乎所有的产品门类。同时，该地区具有高度集成化特点，对产业链的整合能力要求较高，通过集聚产业优势带动产业链整体升级。徐州从强链补链出发，先后引进徐工道金、广联科技、八达重工、中矿安华等一批行业带动力强、发展潜力大的优势企业，形成了由徐工集团为龙头，五洋科技等上市企业为推动，宝溢电子、利源科技、优世达无人装备等特色企业为支撑的现代安全应急产业体系。镇江通过龙头企业引领着力打造拥有完整应急医疗产业链的集聚发展区。区内聚集了制造业单项冠军和省级"专精特新"小巨人企业鱼跃医疗、列入全军医学科技"十二五"重点项目的科研企业沥泽生化、全球领先的"蛋白多肽"研发企业福旦生物、拥

有多个新药专利的云阳药业等，以及康尚生物医疗、中卫国健医疗、天工新一、福元健康科技、利康医药科技、视准医疗器械、江苏华洪药业、意大利百盛医疗、上海手术器械集团、上海中优医疗集团等多家行业领先企业，产品涉及呼吸机、制氧机、便携式检测仪、新冠肺炎胶体金试剂、医用药品包装、消杀用品、纳米生物医药、中药饮片、天然药物等应急医疗器械与药品。浙江温州在智慧电气安全领域集中了包括防爆电气、防雷电气、应急电源等众多种类产品，产业链完备，销售网络密布全国，多类产品占全国市场份额的 60%以上，并出口欧盟、美国、中东、东南亚等国家和地区。

第三节　典型代表省份—江苏

一、对安全应急产业的政策支持范畴不断扩大

江苏省作为全国安全应急产业的排头兵，省政府高度重视安全应急产业发展，多次出台相关政策，从发展思路、科技创新、融资体系等多方面提出促进发展安全应急产业的实施意见。

2021 年 9 月 17 日，《江苏省"十四五"安全生产规划》发布，其中明确指出"支持建设徐州国家级安全产业示范区，鼓励支持有条件的地区创建国家安全应急产业示范基地，培育一批拥有自主知识产权和品牌优势、具有国际竞争力的安全产业骨干企业。按有关规定实施财政补助、税收扶持等优惠政策，引导社会资金投资安全科技创新装备产业，打造全省先进安全装备制造集群。"

2022 年 11 月 27 日，工信部、应急管理部与江苏省政府签署新一轮推进安全应急产业高质量发展共建合作协议，从打造技术创新体系、创新投融资服务模式、完善区域协作、推进应用示范工程等方面提供政策支持，助力徐州构建特色鲜明、技术领先、服务高效的产业生态。

各地关于发展安全应急产业的政策措施范围较广。如徐州市出台了《徐州市安全应急产业集群创新发展行动计划（2023—2025 年）》，将推动财政、土地、科创等政策向安全应急产业集群发展倾斜，全力向上争取政策支持。在金融政策方面，提出加强金融资本赋能，积极发展供应

链金融，多渠道扩大直接融资，支持企业增资扩股、并购重组。南京市在《南京市"十四五"应急体系建设规划》中明确提出要有效发挥南京人才智力优势，提高应急安全科技研发专项资金投入，支持高校、科研院所、企业应急科技研发创新平台建设。苏州市在《苏州市"十四五"应急体系建设和综合防灾减灾规划》中提出，要将安全应急重点工程项目所需财政支出列入政府财政计划，确保各项资金能够及时到位。同时通过引导金融机构对重点工程项目给予贷款支持等方式拓宽资金投入渠道，探索建立政府、企业和社会共同承担的规划实施经费保障长效机制。

二、两化融合推动安全应急产业高质量发展取得新成效

江苏省支持和推动企业运用新一代信息技术进行智能化改造。各地深入推进信息化和工业化融合，通过"企业上云"等行动计划，强化上云企业建设，促进工业互联网平台推广和应用。

在智能工厂建设方面，鱼跃医疗的智能精密注塑车间实现信息流、物料流和业务流的协同融合，入选"江苏省智能示范车间"，智能立体仓库覆盖了生产、溯源和物流的全流程环节，按照工业 4.0 无人工厂标准进行设计和建设厂房及仓库等，将发挥集团规模化生产的大制造优势。万新光学的智能车间不仅大大提高生产效率，还可以根据互联网客户定制发来的需求调整生产参数，快速实现不同规格产品生产的转换。

在信息化平台建设方面，以商汤、腾讯为代表的人工智能企业在上海漕泾河开发区内自主研发了城市公共治理平台，如商汤的"新一代人工智能计算与赋能平台"，算力可同时接入 850 万路视频，满足四个超 2000 万级人口的超大规模城市使用，在平时是一个具备安防、监测、预警功能的城市公共服务平台。在紧急情况下可转为灾情救援实战平台，可利用大数据、智能辅助决策等技术，根据灾情类型、规模及时自动生成人员装备调配方案及灾情处置方案，实现备战救助人员、储备物资及各类资源的及时派发和调配，加快应急反应及时度，提升应急救援实战能力。

三、构建多层次、立体化、全覆盖的产业服务体系

在政务服务方面，江苏规范、优化政务服务，提升为企业服务能力，

优化投资环境。在集聚发展方面，通过系列政策促进安全应急产业各细分产业集聚成链发展。在财税支持上，出台了安全应急产业专项扶持政策，针对各类企业的主要需求给予针对性的金融支持政策，形成了较为完整的政策体系。在公共服务平台建设上，江苏拥有创新创业、检测检验、知识产权交易、推广应用、投融资等各类公共服务平台。例如，丹阳市在突出土地供给、加大创新创业支持、拓展产业融资渠道和财政支持等方面，已为安全应急企业调配土地 4000 多亩，为中小企业向上争取资金 2000 多万元、本级科技类资金 1000 多万元、固定资产投入补贴3.5 亿元，符合入住条件的安全应急产业创新项目还享受较大力度租金减免；推出"园区保"信贷担保业务，已成功放贷 1.56 亿元；设立了丹阳市项目发展扶持专项资金，已分别对国药和鱼跃项目拨付 1.1 亿元和 1.8 亿元；通过新兴产业发展引导基金设立分领域子基金，一期规模超 6 亿元，与鱼跃医疗合作设立医疗健康投资基金规模 10 亿元。

四、细分领域龙头企业领航作用显著

江苏制造业和服务业高度发达，在安全应急产业发展上具有强大实力的龙头企业数量较多，引导产业快速发展。例如，在安全材料领域，恒神碳纤维是全国投资最大、设备最先进、研发能力最强的碳纤维生产企业，开发和生产各种规格高强度、高韧性、耐腐蚀铝合金板材料和制品，广泛应用于轨道交通、海洋工程、工程机械、新能源、民用航空等领域。在个体防护装备领域，如东经开区已初步形成了上下游配套，种类比较齐全的产业链，集聚了全区绝大多数的个体防护产品生产企业，成为全球知名的个体防护装备基地，集聚霍尼韦尔、强生、辉鸿等相关企业 100 多家。在抢险救灾及消防救援领域，徐工集团是全球顶级的装备制造企业，目前在全球行业排第 3 位，其举高喷射消防车、登高作业平台消防车等装备在全球畅销。在生命救护领域，鱼跃医疗为行业内全球顶级领先企业，产品涉及呼吸机、制氧机、便携式检测仪、新冠肺炎胶体金试剂、医用药品包装、消杀用品、纳米生物医药、中药饮片、天然药物等应急医疗器械与药品。

第九章

粤港澳大湾区

第一节　整体发展情况

　　粤港澳大湾区是我国制造业种类全、产业链完整的区域之一，发展安全应急产业具有较好的基础，已经形成以广州、佛山、深圳、东莞、江门、肇庆等城市为中心的集群效应，发展特定类型的安全应急产业聚集区。该区域以技术密集、资金密集、人才密集的智能安全应急为主导，以智能制造、大数据、工业互联网及现代服务业为抓手，数字技术及系统不断涌现，重点发展智慧安防、智能工业制造及防控设备、安全服务、新型安全材料、信息安全、车辆专用安全设备等细分领域。

　　依托粤港澳大湾区的政策红利，当地安全应急产业的外向型经济特点显著。同时，广东省政府多措并举为创新型企业发展铺平道路，助力安全和应急产业转型升级，往高端化、技术化方向迈进。早在 2016 年，出台了广东省人民政府办公厅《关于加快应急产业发展的实施意见》（粤府办〔2016〕65 号）。2018 年 11 月，工业和信息化部、应急管理部和广东省人民政府共同签署了《共同推进安全产业发展战略合作协议》，为安全产业营造了更加广阔的发展空间。目前，粤港澳大湾区已经形成了以佛山南海粤港澳大湾区（南海）智能安全产业园为引领，江门市安全应急产业园、东莞大湾区（东莞）应急产业园全力推进，广州、深圳着手布局的安全应急战略性新兴产业集群。大湾区内的安全应急产业各细分领域拥有较为完整的产业链条，其上游原材料、技术研发平台、配件加工等链条相对完善，下游市场、应用端、集成商等较为广阔。大湾区依托坚实的产业基础，用智能化和信息化改造传统产业，坚持"政府引导、市场主导、产教融合"的发展思路，集中发展重点领域安全应急产品，探索创新安全应急产业服务模式，强化龙头带动效应，推动"科研—孵化—产业化"一体化发展，既为区域经济发展提供保障，又不断打造新的经济增长点，充分发挥大湾区对外开放的桥头堡作用。

第二节　发展特点

一、依托强大的工业基础，重点发展装备智能制造

工业是支撑粤港澳大湾区经济社会发展的重要支柱，工业的高质量发展是粤港澳大湾区打造世界一流湾区的核心竞争力所在。当前，在加快形成以国内大循环为主体、国内国际双循环相互促进的新发展格局背景下，粤港澳大湾区工业规模和活力不断提升，新兴产业集聚优势明显，为发展安全应急产业提供了较好的基础，重点发展装备智能制造，率先发展了智慧安防、智能工业制造及管控装备、车辆专用安全装备、新型安全材料等具有一定产业基础、发展前景好的安全应急细分产业。在智慧安防方面，大湾区聚集了一批消防安全、道路安全以及应急救援类产品生产企业；在智能工业制造方面，积极发展机器人产业，以位于佛山高新区的"中国（广东）机器人集成创新中心"为契机，推动高危行业机器换人；在管控装备方面，聚集有多家电子电工、机械机电类安全产业相关企业；在车辆专用安全装备方面，狮山汽车城、丹灶的日本中小企业园汇集了多家以生产汽车安全部件的企业；在新型安全材料方面，在防火材料、个人防护材料领域已形成产业集聚等。

二、产业集聚效应初步显现，发展各具特色

大湾区内产业集聚特色明显。例如：广州粤港澳大湾区（黄埔）安全应急科技园着眼各类安全防护、避险和应急处置场景，研发智能安全防护、避险、预警监测、工业安全智能防控和无人救援设备等具有广阔市场前景和高附加值的产品；深圳宝安（龙川）产业转移工业园加快安

全应急与环保（空气能）产业聚集与发展，全力推动深圳的优势产业如航天卫星、融合通信、人工智能、无人系统、5G、图像识别等在安全应急领域的应用；佛山南海区的粤港澳大湾区（南海）智能安全产业园获批"国家安全应急产业示范基地名单"，打造以安全防护类和安全应急服务类为特色的国家级安全产业示范基地；江门高新区安全应急产业涵盖抢险救援装备、现场保障产品、生命救护产品、安全应急服务等领域，依托广东应急管理学院的落户，打造"五维一体"安全应急产业发展布局和广泛应用场景；位于东莞的大湾区（东莞）应急产业园东莞应急装备产业园以应急救援装备为主，在应急动力电源、应急通信与指挥产品、应急后勤保障产品、专业抢修器材、紧急医疗救护产品等专用产品类别具备坚实基础，积极构筑安全生产大格局、应急管理大平台。

三、"制造+服务"双核驱动，服务业成为发展新亮点

先进制造业与高端服务业融合发展是粤港澳大湾区建设中的高质量发展新动能。以佛山市为例，南海区安全应急产业正在形成"丹灶制造、大沥服务"为主体的互动板块，通过"双核驱动"打造安全应急产业完整的产业链，其中，南海区大沥镇着力打造安全应急服务产业集聚区。大沥镇地处广佛黄金走廊，是国内有名的商贸、产业名镇，贸易年交易额超 8000 亿元，市场活跃度居广东省镇级首位。在短短 10 公里的广佛路上，分布着 46 个专业市场，涉及小商品、五金机电、家具、铝型材、布匹等 10 多个产业门类。大沥镇充分发挥粤港澳大湾区核心区、广佛两大超级城市腹地的区位优势，以智慧安全小镇为核心，以中国安全产业大会永久会址的设立为契机，积极打造安全应急产业展览展示中心、商贸交易平台、研发科创平台和教育培训基地，打造集安全应急产品研发设计、展览推广、检测检验、设备租赁、融资担保等服务于一体的高品质安全应急服务产业集聚区，为加快区域传统产业转型升级，为推动安全应急产业高质量发展做出贡献。

四、诸多利好政策为产业提供良好的发展环境

2022 年，粤港澳大湾区在安全应急产业政策方面持续发力。2022

年 1 月，江门市人民政府正式印发《江门市应急管理"十四五"规划（2021—2025 年）》指出，江门市安全应急产业园建设工程将依托广东应急管理学院的落户，打造"五维一体"安全应急产业发展布局和广泛应用场景，大力推进安全应急"产、学、研"体系同步发展，形成完备的应急装备产业链，为全市建设应急产业综合示范区提供创新驱动和人才支撑。

2022 年 6 月，深圳市工业和信息化局、深圳市发展改革委、深圳市科技创新委、深圳市生态环境局、深圳市应急管理局五部门联合发布《深圳市培育发展安全节能环保产业集群行动计划（2022—2025 年）》，明确要求：目标到 2025 年，安全节能环保产业增加值突破 600 亿元，培育一批具有国内、国际竞争优势的骨干企业和知名品牌，培育年产值超百亿元企业 3 家以上、年产值超 10 亿元企业 20 家以上、"专精特新"企业 100 家以上。

五、以科技赋能产业发展，营造良好创新生态

粤港澳大湾区要建设成世界一流湾区，首先应成为集聚全球创新资源的科技创新高地，这也有助于带动当地安全应急产业的创新发展和高质量发展。例如，佛山市坚持以创新驱动为主引擎，通过三方面推动创新能力建设。一是持续引进和培育一批创新平台，畅通创新平台与安全应急产业合作对接机制。基地依托季华实验室、仙湖实验室等重大科技创新平台，强化"平台—园区—产业"间的合作模式，重点推动多个创新平台与安全应急企业广泛开展产学研对接。二是基地通过新增引进广东省科学院仙湖科创加速器、广东省科学院院士成果转化中心等创新平台，推动安全应急领域优质科创项目孵化、加速和集聚，提升示范基地科创成果落地转化能力。三是通过加强佛山市南海区公共安全技术研究院等现有创新平台培育，发挥现有创新平台的引领支撑作用，推动南海区公共安全技术研究院与示范基地重点企业中科云图共建无人机遥感网数字化安全中心，为佛山平安城市建设及南海城市大脑的组建提供科技创新支撑。

第三节 典型代表省份——广东

广东省是我国粤港澳大湾区安全应急产业发展的"领头羊",省内形成了多个产业集聚区。2022 年,面对复杂严峻的国内外发展环境,广东省积极应对新冠疫情影响,坚持稳字当头、稳中求进,全力促进经济社会平稳运行。一方面,合理规划建设应急物资保障储备库,完善应急物资保障储备库的仓储条件、设施和功能,形成应急物资保障储备网络。根据基地的实际需求,合理确定储备品种和规模。建立健全应急物资采购和储备制度,按照实物储备和能力储备相结合的原则,健全应急采购和供货机制,根据应对重大自然灾害的要求以及储备物资年限,储备更新必要物资。建立健全全区应急物资保障储备管理信息系统、物资应急保障和补偿机制、物资紧急调拨和运输制度。另一方面,广东省重点构筑城市治理"一张网",提升突发事件应急保障能力。其中,重点企业中科云图为城市大脑提供的无人机平台服务,通过 5G 网联无人机智能化网格管理,提供低空遥感数据管理分析、应急智慧指挥调度、城市安全应急监测预警等服务为南海区应急保障提供技术支撑,实现安全城市数字化管理。

2022 年,广东省安全应急产业发展成绩卓越。工信部、国家发改委、科技部等三部委正式发布了国家安全应急产业示范基地(含创建单位)名单,位于佛山市南海区丹灶镇的广东佛山南海工业园区正式"转正",成为全国首批、广东省唯一的国家安全应急产业示范基地(综合类)。粤港澳大湾区(南海)智能安全产业园的特色鲜明,它是唯一以重大国家战略区域命名的园区。从定位来看,园区直指"智能化"路径,与珠三角地区开放创新、融合发展的整体形象非常吻合。粤港澳大湾区(南海)智能安全产业园创建三年来,已经成为安全应急产业智能化的排头兵。其中,南海区连续举办最富盛名的中国安全产业大会,并建设了永久会址。这也意味着,园区紧紧跟随国家战略性新兴产业发展的律动,牢牢抓住了从全国到省市的政策红利,与国家指导方向目标一致,步调同频。在中国安全产业大会的引领带动下,南海区安全应急产业集聚发展显著提速。2022 年,安全应急产业产值初步统计超 400 亿元,已引入安全应急行业龙头企业、科技型企业、科研机构和安全生产服务产业企业超 150 家，逐步形成安全应急产业战略性新兴产业集群效应。

此外，2022 年江门市安全应急产业发展迅猛。根据江门市统计局数据，2022 年江海区的安全应急产业年产值超 160 亿元，同比增长 15%，占江门市安全应急产业比重超 25%，涵盖应急救援处置、安全应急服务等产业类别，在现场保障、抢险救援、生命救护等产品以及安全应急服务等领域初步形成产业集聚。其中，江海区 2022 年获评国家安全应急产业综合示范基地创建单位。江门市将加速进军安全应急产业"蓝海"，力争在国内率先建成"五维一体"发展格局，打造国家安全应急"堡垒"、国家级安全应急产业综合示范基地和安全应急科技融合示范产业园区。

第十章

成渝经济圈

第一节 整体发展情况

2021 年 10 月，中共中央、国务院印发《成渝地区双城经济圈建设规划纲要》，指出成渝双城经济圈在国家发展大局中具有独特而重要的战略地位。成渝双城经济圈位于"一带一路"和长江经济带的交汇处，面积为 18.5 万平方千米，是西部陆海新通道的起点，具有连接西南西北和沟通东亚、东南亚、南亚的独特优势。该地区拥有良好的生态环境、丰富的能源和矿产资源、密集的城镇和多样的风景，是我国西部人口最密集、产业基础最雄厚、创新能力最强、市场空间最广阔、开放程度最高的地区之一。

目前，成都已形成金堂、德阳"双中心"，国家西南区域应急救援中心"一基地"的安全应急产业发展核心圈，同时拥有成都中欧安防应急产业园、北川通航及应急产业孵化园、邦德应急医疗产业园和海天保密科技与安全（应急）产业化园。其中，金堂县以淮州新城作为产业的主要承载地，重点发展航空培训及应急救援体系集群、环境应急救援处置产业集群、应急救援防护产品和医疗救治设备产业集群。德阳市以"国家安全应急产业示范基地"称号为依托，聚焦发展低空应急救援、国家级监测预警和关键基础设施检测、地质灾害教育培训和应急演练。

重庆建设有中国西部安全应急产业基地，全力打造一个品牌，建设五大基地，并构建十大体系。所谓"一个品牌"，是指加快建设安全保障型城市。五大基地则包括安全应急产品制造基地、安全应急科技研发基地、安全应急培训实训基地、安全应急科研成果转化基地以及安全应急救援基地。而十大体系则包括安全应急产业园区、产品认证检测中心、研发中心、培训实训中心、交易市场、仓储物流中心及物资储备库、投融资服务及产业基金中心、国际交流中心、科普会展中心以及商务信息中心等。通过这些举措，中国西部安全应急产业基地旨在形成完备的安全应急产业政策、产业标准、产业光盘和目录。

成渝经济圈发展安全应急产业具备六大优势。一是区位优势。成渝经济圈位于中国西部，处于连接西南、西北和中南地区的交通枢纽地带。这使得成渝经济圈在安全应急救援物资和人员调度上具有便利性，能够迅速响应各种紧急情况。二是基础设施。成渝经济圈拥有发达的交通和基础设施网络，包括高速公路、铁路、航空和水路运输系统。这为安全应急物资的快速调运提供了便利条件，也有利于人员的迅速调动和紧急救援的展开。三是产业集聚。成渝经济圈以成都和重庆为核心，周边地区也有一些经济实力较强的城市。这些城市拥有多样化的产业布局，包括制造业、信息技术、生物医药等。这为安全应急产业的发展提供了广阔的市场和供应链支持。四是人力资源。成渝经济圈拥有质高量多的高等教育机构和研究机构，培养了大量的专业人才，包括紧急救援人员、医疗人员、安全应急管理专家等。这为安全应急产业的人才储备提供了支持。五是技术创新。成都和重庆都设有多个国家级高新技术产业园区，涵盖了人工智能、大数据、云计算等前沿技术领域。这为安全应急产业的技术创新和应用提供了基础。六是自然资源。成渝经济圈周边地区拥有丰富的自然资源，包括水资源、矿产资源等，这些资源在应急救援中起到重要的支撑作用，例如供水、能源等。

第二节　发展特点

一、省级市级支持政策共同发力

四川省对安全应急产业的发展高度重视，于 2022 年发布了《四川省"十四五"应急体系规划》。该规划提出，到 2025 年，四川省将实现全省范围内安全应急管理体系和能力的现代化建设，并能够取得明显的成效。通过完善健全体制机制，显著提升基层基础、社会协同、应急救援、风险防控、综合保障等方面的能力，以及显著增强安全生产整体水平和防灾减灾救灾能力。根据该规划的要求，到 2025 年，四川省必须实现以下目标：创建 1 个国家级综合减灾示范县、2 个国家级安全发展示范城市、150 个国家级综合减灾示范社区；县级以上的应急管理机构中，专业人才占比需超过 60%。此外，重点安全应急行业规模以上企业的新增从业人员必须接受安全技能培训，并且培训率必须达到 100%。

市级政府通过政策支持安全应急产业发展。2021 年，德阳市政府发布《德阳市支持国家应急产业示范基地建设的若干政策（2021 年修订）》，为了促进安全应急产业企业在德阳市发展，提出了一系列优惠政策，目的是通过激发集群效应，推动德阳市国家级应急产业示范基地的扩大和增强。2022 年，德阳市发布了名为《德阳市"十四五"应急体系规划》的文件。这份规划提出，到 2025 年，德阳市将建立符合高质量发展需要的应急管理体系和能力，以更高效的方式与成都、眉山等邻近市州进行一体化协同联动，加快形成共建共治共享的应急管理格局。

二、航空应急救援产业特色突出

成渝经济圈安全应急产业特色鲜明，依托通航应急救援保障基地项目国家西南区域应急救援中心，大力发展航空应急救援产业。在 2019 年，金堂县被批准为国家西南区域应急救援中心的落地点，西南区域应急救援中心是在东北、西北、西南、华中、华北和东部沿海规划设立的六个国家级区域应急救援中心之一，也是四川省"成渝地区双城经济圈建设的 20 个重要项目"之一，该中心以航空救援、应急医疗、安全应急装备制造、多灾种救援、物资储备、应急指挥和人才培训等为重点发展方向，加强了应急救援专业技术和场景支持，旨在打造一个国家级的应急救援中心，能够覆盖中西部地区，并成为我国面向东南亚国家实施国际救援的出发地。此外，成都（金堂）通用航空机场是成都市的首个获得批准兴建的 A1 级通用机场，被确定为成都空中应急救援基地核心区域。目前，成渝经济圈已经构建了以驼峰航空、川航集团、泛美航空为代表的应急救援及航空培训体系。

三、应急物资储备网络构建完善

成渝经济圈注重应急物资储备体系构建。其中，成都市在应急物资储备建设方面注重分布区域的覆盖性，多样化的储备种类以及相关政策的制定和执行，以确保在紧急情况下能够迅速响应并有效应对。成都市应急物资储备点分布在各个行政区域，例如高新区、锦江区、青羊区等。这样的分布策略旨在保证物资储备点可以尽可能快地响应紧急情况，并向周边地区提供支援。成都市政府通过制定相关政策来推动应急物资储备建设。这些政策包括制定储备数量和种类的标准、建立储备点和储备设施的要求，以及制定储备物资的更新和维护计划等。政府还会组织培训和演练，提高相关部门和人员对应急储备的认识和应对能力。另外，德阳市创建了一个涵盖多个领域的应急救援装备信息库，包括工程机械、电力照明、空中救援等 10 个类别。该信息库储备了 35482 台（套）各种抢险救援器材装备，如指挥方舱、消防车和发电机等。为了优化布局，该市建立了"1+6+55"的应急物资储备网络体系，涉及采购和储备40 多种不同类型的救灾物资，包括帐篷、棉被和折叠床等。总共储备了 5.3 万余件救灾物资，并在 55 个重点乡镇（街道）前置了 1.6 万余件紧急救灾物资。

第三节　典型代表省份——四川

一、安全应急产业发展现状

在四川省，成都下属的金堂县以通用航空应急救援，德阳市以关键基础设施检测、监测预警和救援处置为主要特色，已经成为安全应急产业的集聚地。其中，金堂县正致力于建设新安特色的国家级综合类安全应急产业示范基地。该地区充分利用高能级项目，例如西部航空应急救援中心、川消所科研检测及成果转化基地、应急消防装备产品制造基地等，通过集中发展头部企业，辐射带动监测预警、应急救援处置装备、人防消防、检测检验等细分产业，金堂形成产业链集群的发展模式。位于淮州新城西南片区的成都通用航空产业园，拥有 7.94 平方千米占地面积，被定位为成都建设国家级通用航空产业综合示范区的核心区。目前，园区已成功吸引了 34 家运营和制造企业，其中包括国网通航和川航集团等。引进资金总额已达 84.9 亿元。目前，园区已经签署了 15 个项目，其中包括 5 个通航项目，协议总投资额达到 35 亿元。该项目涉及多个领域，包括航空应急救援、运营服务、科普研学和金融服务等。代表性项目包括北京未来实践教育科技有限公司西部师资培训中心与研学营地、成都交投通航应急救援保障基地、中航油碧辟通用航空油料有限公司航油保障基地等。这些项目带动作用强，且具有广泛的影响作用，与淮州新城的主导产业发展需求高度契合。成都交投淮州新城投资运营有限公司正在开展通航应急救援保障基地项目，这是成都通航产业园内第一个类似项目。该项目旨在为中航等企业提供应急救援保障机库等设施，同时与航空领域的顶尖企业合作，致力于构建通航领域的全产业链，包括通航研发、制造、金融、研学、培训、文旅和孵化等。成都市将聚焦打造成都西部地区通用航空综合枢纽、全国通用航空产业综合示范核心区、国家西南区域应急救援中心航空保障基地和国际通用航空文化会展中心。

2022 年，德阳经济开发区和德阳高新技术产业开发区联合申请并获批成为"国家安全应急产业示范基地"，是西南地区唯一的入选单位。目前，德阳经济开发区和德阳高新技术产业开发区的安全应急产业规模达到 120 亿元。其中，德阳经济开发区依托东方电气、国机重装等企业，在风电、核电、水电、大型锅炉、钢铁等大型装备领域以及关键基础预防防护、监测预警、设施检测以及救援处置方面形成了自我保护的应急产品体系。德阳高新技术产业开发区以通用航空、油气装备、生物医药三大产业为基础，建设了以低空和通用航空应急救援与服务为主体、以石油钻井平台及其专业应急救援为主体、以医药和生物医学及其涉及的医疗救援为主体的应急产业。未来，德阳市经信局将会与德阳经济开发区和德阳高新技术产业开发区共同加快安全应急产业发展，为提高全市防灾减灾救灾和重点突发公共事件处置保障能力提供支持，力争到2024年园区安全应急产业规模突破 180 亿元。

二、安全应急产业发展特点

（一）充分发挥地域及产业集聚优势

四川省拥有多个安全应急产业集群，为产业的抱团发展，延链补链创造了良好的条件。其中，位于资阳的成渝地区空铁应急产业园，可以提供区域性的应急保障。资阳是四川省唯一与成渝两个核心城市直线相连的城市，拥有超过 200 家车辆制造产业相关企业，包括四川现代和中车资阳机车等公司。成渝空铁应急救援产业园将以航空、高铁、城市轨道交通装备制造和相关应急物资生产为特色，填补了西南地区空铁维修和应急装备制造产业的空白，全面提升了成渝地区双城经济圈的应急救援能力。位于淮州新城的成都通用航空产业园重点打造通航应急救援保障基地项目，充分利用区位优势、政策机遇，以及完善的基础配套，拟与通航头部企业合作，产业链条涵盖通航制造、研发、培训、孵化、金融等，共同为中航等大型企业提供应急救援保障机库，积极打造国家西南区域应急救援中心的航空保障基地。

（二）依托夯实基础，突出产业发展特色

德阳市的安全应急产业在中国民航飞行学院的基础上得以专精发展，并在通航制造、维修和运营等产业链方面实现了全面布局，现已成为全球领先的飞行员培训基地。通过完善的通航产业链，德阳市还将其产业延伸至应急救援领域，并致力于构建综合的应急救援体系。其中，广汉地区是德阳市的重点发展区域，致力于成为中国"第一响应人"的培训发起地，建立低空救援和应急服务体系。德阳在应急救援装备制造方面拥有"三大院"作为技术支撑和产业源头，这些院所通过技术攻坚，在油气装备制造方面取得了多项专利技术，形成了中国最大的油气装备制造产业集群，该集群内的近 300 家相关企业涵盖了油气装备的整个环节。除此之外，德阳还在医疗救援领域拥有具有重要地位的企业，例如泰华堂是我国唯一一家开展核应急药物支持和核安全的企业。

（三）完善配套措施，助力产业腾飞

德阳市不断完善安全应急产业配套措施，以促进产业的良性发展。

该市采取了多项措施来实现这一目标。首先，加强应急物资储备库的建设。为此，德阳市新建了什邡、中江、旌阳三个应急物资储备库，并与成都、资阳等六市建立了应急联动机制，以确保储备物资及时运输。其次，政府组织演练课题，针对德阳市各县市区重点风险源的特点，开展政企合练，有效提升安全应急实战的演练水平。第三，德阳市注重对外交流合作，建设西部安全应急产业交流高地，以推行应急产业+应急培训+队伍建设的新模式新业态，扩大企业间交流开放。第四，德阳市成立了多个应急救援中心，包括中国石油井控应急救援响应中心、综合应急救援支队、防灾减灾应急救援中心和空中应急救援队。这些措施将有助于德阳市安全应急产业的发展和改善应急响应能力。

园 区 篇

第十一章

徐州国家安全科技产业园

第一节　园区概况

　　徐州国家安全科技产业园（以下简称"安科园"）是我国安全应急产业发展的策源地和先导区，也是徐州高新区重点建设的特色产业园区。园区总占地 750 亩，总建设面积约 100 万平方米，建有高标准厂房、综合服务中心、配套人才公寓等。近年来，安科园得到了快速发展，特别是 2022 年徐州市委、市政府提出《徐州市创新产业集群培育提升工作方案》，将安全应急产业纳入"343"创新产业集群以来，安科园成为引领高新区安全应急产业集群发展的加速器和动力源。目前，安科园园区入驻企业 400 多家，涵盖了安全应急产业分类目录中的安全防护、监测预警、应急救援、安全服务四大领域，同时还构建了模具制造、SMT 贴片、软件开发、系统集成等产业共生支持体系。

第二节　园区特色

一、突出特色引领，持续补短锻长强基

　　安科园作为国内首个国家安全应急产业示范园区，一直以来突出安全应急产业特色发展，推动企业技术创新、加大企业培育力度、不断做大园区体量、持续优化园区产业发展生态。一是瞄准打造全国安全应急产业"第一高地"定位，招引国内安全应急产业优质企业向安科园集聚，

2020 年以来共签约落地重点项目 48 项，投资额超 40 亿元。目前正在对接洽谈职业安全和健康培训体验中心、消防生产基地等重大产业项目，着力打通产业链堵点，为丰富产业链添砖加瓦。二是全力培育企业发展，安科园先后培育 39 家规上企业入库，其中部分企业已逐渐成为国内细分行业领军企业，10 余个企业成功出园建设基地，实现了规模化发展，还有 4 家企业进入上市辅导期。三是加快推进重点项目建设，安科园实施重点项目包挂推进机制，贴心服务、贴近推动。2023 年重大在建项目 13 项，其中省市重大项目 3 项。徐工消防高空应急救援装备项目总投资 32 亿元，500 台应急装备及 1 万台新能源高空作业平台生产线即将投入使用。四是作为高新区安全科技创新先导区，安科园建设了一个省级技术创新中心——江苏省安全应急装备技术创新中心，一个国家级孵化器——中安科技企业孵化器，以及 2 个众创空间、29 个研发机构。此外，还积极参与了国家智慧矿山技术创新中心建设，获批后将落户国家智慧矿山技术创新中心华东分中心，为安全应急产业发展提供创新驱动力。近年来，安科园培育国家高新技术企业 54 家、科技型中小企业 173 家，集聚本科以上人才近 3000 人，成为名副其实的创新高地。

二、坚持以点带面，产业集聚效应日趋凸显

在安科园的示范带动下，徐州市高新区安全应急产业快速集群，成为高新区的第一产业，并在安全应急四大领域的综合实力均实现跃升。截至 2022 年年底，高新区拥有安全应急产业企业 592 家，其中规上企业 68 家，占全部规上企业的 39.5%，实现产值 236 亿元，占全部规上企业的 61%。2023 年一季度，高新区安全应急产业实现产值同比增长 16.6%，

在安全防护领域，已成为全国最大的矿山、工贸安全防护装备制造集群，占到了全国近三分之一的市场份额。三森科技的自动换绳机打破了德国西玛格公司的垄断，成为应急管理部首批"四个一批"重点推广装备。肯纳金属、华洋通信、中矿传动、中机矿山等一批防护企业快速成长，有 3 家企业进入了上市辅导期。在应急救援处置领域，徐工消防举高类消防车连续 11 年国内销量排名第一；高空作业平台类产品整体

规模已跃居"中国第一、全球第五",成为全国最大的消防应急装备研发生产基地,未来将构建全灾种的安全应急装备产品线。徐州万达智能自主研发生产的大型模块化全地形智能双臂救援工程机械装备解决了地震、泥石流、台风等重大自然灾害中存在的大型救援装备无法快速抵达、灾害现场救援任务复杂但处置装备功能单一、多种救援装备协同作业能力差等难题,多次应用于国家重大自然灾害抢险救援现场。还有一批安全应急装备后起之秀也快速成长。在监测预警领域,培育了精创电气、新聚安全、雷龙消防、华飞科技等一批"专精特新"企业,在冷链安全、燃气安全、城市公共安全、水灾监测、电网电气安全等领域突破了一批新技术、研制了一批新产品、创制了一批综合解决方案。其中雷龙消防研制开发的智能消防监测系统、自组网通信系统、消防智能值守机器人等产品具有自主知识产权,可完全替代进口。在安全应急服务领域,集聚了环境安全检测服务、安全用电托管服务、智能消防集成服务、安全生产智能化监管平台服务、安全应急产业投融资服务等17类安全应急服务领域企业。其中爱尔沃特成为淮海经济区最大的环境安全监测领军企业,年营收实现10亿元;中矿安华的双重预防机制服务体系在煤炭行业市场占有率全国第一。

三、坚持产品推广与品牌打造,国家影响力渐次形成

安科园以安全科技赋能安全生产为初心,积极推广应用园区先进安全应急技术装备,积极组织企业申报工业和信息化部等部委安全应急先进装备示范工程;梳理了安全应急装备(技术/服务)300余项,并上报应急管理部、省应急厅等需求单位,助力企业技术装备示范推广;推动园区企业漏电保护器推广应用,保障全市"安电惠民""安电惠企"工程;多次召开安全生产"技防攻坚"工作调度会,对园区先进技术装备先行先试。安科园坚持率先发展、打造品牌,积极牵头申报国家部委试点示范,先后获批国家安全产业示范园区、国家火炬安全技术与装备特色产业基地、国家应急产业示范基地、国家创新型产业集群、国家中小企业特色产业集群、国家安全应急产业示范基地等国家级荣誉称号;推动江苏省与工业和信息化部、应急管理部分别于2018年1月、2022年11月签署了两轮推进安全应急产业发展省合作协议;连续举办了8

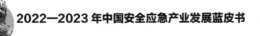

届中国（徐州）安全科技协同创新推进会，并成功举办了两届中国安全应急技术装备博览会，构建了"一会、一展、一共建协议"的产业发展促进机制。

第三节　有待改进的问题

一、产业发展导向仍需加强

安科园安全应急产业已形成规模发展，但高新技术企业、外向型经济企业相对偏小。在产品架构上，国内外知名品牌较少，产品结构处于由初级阶段向次高级水平过渡中，需要进一步加强未来发展的方向引导，以培育龙头企业、技术领军企业、链主型企业，对重点发展方向企业加大在载体、资金、政策、人才、先进产品推广应用等方面的全方位支持培育力度，提高行业竞争力。

二、产业升级需加快推进

安科园内新兴产业尚未与安全应急产业形成融合，尚未形成强有力、跨领域的产业链合作的商业模式，一些领域核心技术还有待突破，需要进一步加大创新突破力度，开展精准招商，引进一批产业链关键项目，着力打通产业链堵点、连接产业链断点，实现产业技术自主可控，推进产业高质量发展。

三、工业用地日趋紧张

经过 30 多年的建设发展，安科园土地资源要素渐趋紧张，对于安全应急装备，特别是大型装备生产空间较大的需求承载能力下降，用地供求矛盾日益尖锐。虽然市区加大了煤塌地、荒山的复垦和新农村改造力度，但置换出的土地数量对工业用地来说仍显不足，需要进一步促进土地集约利用，推进产业升级，盘活存量用地。

第十二章

中国北方安全（应急）智能装备产业园

第一节　园区概况

　　中国北方安全（应急）智能装备产业园建于营口高新技术产业开发区（下简称"营口高新区"）。2014 年 7 月，经工业和信息化部、原国家安全监管总局批准，中国北方安全（应急）智能装备产业园正式成为我国国家安全产业示范园区创建单位；2022 年 12 月 1 日，经工业和信息化部办公厅、国家发展改革委办公厅、科技部办公厅联合命名为国家安全应急产业示范基地，现为我国 8 家国家安全应急产业示范基地之一。营口高新区始建于 1992 年，2010 年 9 月晋升为国家级高新区。营口高新区规划控制面积 20.47 平方千米，坐落于辽宁省营口市主城区，处于辽宁沿海经济带重点支持区域内。园区临河观海，交通优势明显，沈大高速公路、哈大高铁站和营口兰旗机场均可在 15 分钟内乘车到达，海陆运输优势明显。营口高新区拥有企业 420 余家，员工约 3 万人，下设辽宁渤海科技城、站前工业园和西市工业园，另有域外设立的新材料产业园，其中辽宁渤海科技城规划面积最大，为 15.5 平方千米。

　　中国北方安全（应急）智能装备产业园安全应急产业特色鲜明、保障有力。作为我国 5 家专业类国家安全应急产业示范基地之一，园区以安全防护类为产业特色，具有安全应急保障能力强、产业特色鲜明、安全应急产业链完善等优点。目前园区已形成了以安全材料、汽保设备、智能化安全装备制造三大产业为主的安全应急产业格局，产品种类丰富。园区安全材料领域产业集中程度较高，龙头企业引领作用强，2021年园区安全材料领域销售收入超过 40 亿元，相关领域企业共计 36 家，以营口忠旺铝业、辽宁耐驰尔科技等为龙头企业，主要产品为镁质耐火材料、铝合金材料、镁铝材料、矿物纤维、高分子纤维及制品等，产品广泛用于耐高低温、耐火阻燃、金属冶炼、抗静电和防腐隔热等多个领域。园区汽保设备领域企业数量多、产值较大，2021 年园区汽保设备产业销售收入超过 60 亿元，相关供给企业 107 家，主要龙头企业为中意泰达、光明科技等，主要经营汽车故障诊断和保修设备生产、汽车零部件制造、服务配套等实体及服务性产品。智能化安全装备领域则以小而精为特色，主要产业内容为消防及火灾报警产业和安全应急装备制造产业，2021 年产业销售收入 25 亿元，企业数量超过 60 家，以辽宁瑞华、营口新山鹰、营口天成等作为龙头企业引领产业发展。中国北方安全（应急）智能装备产业园各细分行业龙头企业市场占有率高、技术先进、竞争力强，均为国际或国内知名企业。园区共有各类安全应急产业企业 200 余家，其中规上企业 40 余家，预计 2023 年园区安全应急产业产值有望超过 200 亿元。

第二节　园区特色

辽宁省发布多项政策支持中国北方安全（应急）智能装备产业园发展安全应急产业。辽宁省政府高度重视提升安全应急保障能力，早在2015 年辽宁省人民政府办公厅便印了《贯彻落实国务院办公厅关于加快应急产业发展的意见重点工作分工方案的通知》（辽政办函〔2015〕8号），对如何加快应急产业（安全应急产业的前身之一）高效发展进行了安排部署；2021 年，辽宁省人民政府办公厅发布了《辽宁省"十四五"应急体系发展规划》，明确提出要壮大安全应急产业，优化产业结构、加强政府引导，加快发展安全应急服务业，推动安全应急产业高质量发展，并要求中国北方安全（应急）智能装备产业园积极开展安全应急产业示范工程建设；2022 年 1 月，辽宁省安全生产委员会发布了《辽宁省"十四五"安全生产规划》，明确提出要加快安全应急产业培育、动员全社会广泛参与安全应急产业建设，发展特色鲜明的安全应急产业基地；2022 年 2 月 9 日，辽宁省应急管理厅发布了《辽宁省"十四五"安全生产规划目标、主要任务和重点工程分工方案》，提出要积极引导社会资源投向先进、适用、可靠的安全应急产品和服务，发展特色鲜明的安全应急产业基地。

三区叠加为园区开展对外贸易提供优质环境。中国北方安全（应急）智能装备产业园所在的营口高新区，通过"一套人马、三块牌子"的创新型管理模式，将中国（辽宁）自由贸易试验区营口片区、营口国家级高新区、营口综合保税区进行了综合叠加，不但实现了机构精简，还有效提升了园区的企业服务效率和对外贸易能力。营口高新区紧抓"双循环"发展思路，加快构建以国内大循环为主体、国内国际双循环相互促进的新发展格局，努力提升安全应急产业的区域保障能力，以培育具有较强国内、国际竞争力的企业集群为方向，加快培育产业转型升级新动能，促进安全应急产业高质量发展。

鼓励产学研合作，提升安全应急产业核心竞争力。为持续提升园区安全应急产业创新能力，保持产业发展核心竞争优势，各级政府陆续发布了《关于推进中国北方安全（应急）智能装备产业园建设的工作方案》《营口高新技术产业开发区国民经济第十四个五年规划和二〇三五年远景目标纲要》《营口市人民政府办公室关于推进营口高新区提档升位的实施意见》等，从多个角度鼓励产学研合作发展，鼓励组建产学研联盟。目前园区拥有 26 家省级研发机构，并与中国安全科学技术研究院、辽宁大学、辽宁工程技术大学、沈阳化工大学等院校及科研院所签署了战略合作协议，并依托龙头企业和骨干科研机构建设了多个院士工作站及博士后工作站。

第三节 有待改进的问题

中国北方安全（应急）智能装备产业园在安全应急产业发展质量上还有较大提升空间。首先，随着近年来国际经济形势的紧张和国际贸易保护主义的抬头，外贸订单缩减成为常态，对园区以外贸为抓手的三区叠加发展策略有不利影响；其次，园区对安全应急产业的重视程度和对产业发展的引导作用还需进一步提升；最后，园区还需持续提升自身的科技创新能力，弥补与重点大学或知名科研院所合作项目较少、部分领域研发机构创新能力弱等短板问题，持续提升安全应急产业核心竞争力。

第十三章

济宁安全应急产业示范园区

第一节 园区概况

济宁安全应急产业示范园区的创建单位是济宁国家高新技术产业开发区（简称"济宁高新区"）。2017 年 1 月，济宁高新区被工业和信息化部和原国家安全监管总局评为我国第 4 家国家安全应急产业示范基地创建单位，是我国最早一批具有示范性质的国家级安全应急产业集群之一；2022 年 12 月 1 日，济宁高新区被工业和信息化部办公厅、国家发展改革委办公厅和科技部办公厅联合评为国家安全应急产业示范基地，是我国 8 家安全应急产业发展态势最为典型、示范效应最强的"转正"单位之一。

济宁高新区成立于 1992 年 5 月，2010 年经国务院批准升级为国家高新区。高新区位于济宁市东北部，面积 255 平方千米，总用地 169 平方千米，常住人口 33.5 万人。济宁高新区为国家科技创新服务体系、创新型产业集群、战略性新兴产业知识产权集群管理、科技创业孵化链条试点高新区及国家级搬迁示范园区、高新技术产业标准化示范区，也是山东省大数据产业集聚区、山东省科技金融试点区、省级人才管理改革试验区。科技部火炬中心发布的 2022 年国家高新区综合评价结果显示，济宁高新区位列第 65 名，较上一年度上升了 2 位，实现了 5 年上升 42 位，发展态势喜人。

济宁高新区以"一区十园"为园区发展总体架构，以安全装备产业园为抓手，集聚力量发展安全应急产业。济宁高新区拥有山推股份、小松挖掘机、巴斯夫浩珂、辰欣药业、英特力光通信、安立消防等行业龙头企业，以及山东省科学院激光研究所、济宁华为大数据中心等科研平台。其中，作为核心的安全装备产业园建于 2017 年 9 月，位于黄屯镇驻地。目前仅在安全装备产业园内，已有天虹纺织、鲁抗医药、友一机械、莱尼电气、浩珂科技等 160 余家企业入驻。

济宁高新区以应急救援处置类为特色，依托龙头企业促进安全应急产业规模增长和保障能力提升。济宁高新区安全应急产业主要内容包括工程抢险救援机械、应急通信与指挥产品、紧急医疗救护产品、安防救生产品、探索检测产品和安全应急服务等。工程抢险救援机械领域在济宁高新区安全应急产业中占据主导地位，园区集聚企业 300 多家，以小松山推、山推股份、小松山东、山重建机、山推机械等为龙头企业，不但在抗震救灾过程中多次发挥了强大的安全应急保障作用，还在产业链发展过程中起到了引领作用；应急通信与指挥产品领域，以英特力、安利消防、龙翼航空等企业生产的应急通信、消防、无人机等装备为主，园区还拥有北斗（济宁）开放实验室和广安电子等企业，依托济宁高新区升为国家北斗产业化应用示范基地的优势，加快产学研合作，推进产业高质量发展；紧急医疗救护领域则以辰欣药业、九尔医药等为龙头，在新冠疫情期间有效发挥了应急物资保障作用；安防救生产品龙头企业为巴斯夫浩珂矿业化学（中国）有限公司等，企业是国内最大的矿用安全材料生产基地，其生产的煤矿和金属矿安全用高分子化学材料在全国市场中占有率第一；探索检测产品则主要为各类光电探测产品，其中山东省科学院激光研究所为主要科研支撑力量之一；济宁高新区的安全应急服务覆盖领域较为全面，拥有总建筑面积 5940 平方米的安全应急体验基地，可为社会和企业提供公共安全体验、安全生产实训、企业及救援队专业培训等服务。

第二节　园区特色

各级政府出台政策支持安全应急产业发展。经过多年耕耘，济宁市和济宁高新区已经形成了一套较为成熟、稳定的安全应急产业支撑体系，有力支持了济宁高新区国家安全应急产业示范基地建设工作。2017年6月，济宁市政府把高新区建设国家级安全产业示范园区上升为市级战略，将安全应急产业作为战略产业予以重点支持，在科技、人才、资金、土地指标等方面优先支持，并将安全应急产业纳入工业转型升级、振兴装备制造业、科技创新等优惠政策支持范围。2021年7月，济宁市应急管理局对市政协十三届五次会议第135350号"关于发展安全应急产业的建议"的答复中表示，要着力推进安全应急信息化建设、加快推进安全应急教育培训基地建设，以济宁高新区为核心支持安全应急产业高质量发展。2021年12月，《济宁市"十四五"安全生产规划》明确指出，要依托济宁高新区安全装备产业园培育发展安全应急产业，提升园区的示范效应和保障能力。在济宁高新区，则以"一区多园"为改革起点，以安全装备产业园为牵头单位，集中力量发展安全应急产业。2017年9月，高新区印发了《关于推行"一区多园"管理体制改革的意见》，全面进入"三次创业"新阶段，成立了安全装备产业园管委会、划定了安全装备产业园的管辖范围，实现了园区实体化运作，全面负责园区投资、规划、建设、招商和运营。

高新区"双百工程"引领安全应急产业发展。"双百工程"是济宁高新区以重点项目为抓手、推动产业高质量发展的重要手段，通过专班化、政企一对一服务，督促龙头企业、省重大重点项目落地实施。2022年济宁高新区双百工程项目达38个，总投产超177亿元，当年投资40.5亿元；2023年，济宁高新区双百项目共计181个，总投资达1306亿元，山推机械国四产品生产线、小松全球智能制造产业基地、小松年产1万台国四中大型液压挖掘机和重卡生产基地、浩珂年产2000万平方米高强机织布智能制造等安全应急产业龙头企业大型项目均获得了重点支持。

第三节　有待改进的问题

济宁高新区安全应急产业政策体系成熟、保障能力和示范效应强，但在部分领域仍有进步空间。其一，随着国际上部分国家贸易保护主义的抬头，高新区外贸企业发展受影响加深，如何帮扶企业适应"内循环"

发展需求成为重要课题；其二，随着新一代信息技术的应用，安全应急产业数字化、智能化转型升级成为大势所趋，如何提升政产学研用合作效能、维护高新区安全应急产业核心竞争力，成为济宁高新区发展安全应急产业所需面临的长期挑战。

第十四章

南海安全应急产业示范基地

第一节　园区概况

　　南海区经济基础雄厚，经济发展势头稳步上升，打造"品牌南海"来推动区域经济发展的战略方针得到贯彻执行。南海区得益于战略优势，目前已经孵化出 10 个超过 200 亿元产值的产业，完整的高端装备制造业产业链条配套率高达 90%以上。在国家、广东省以及佛山市政府的大力支持下，又有南海区各相关部门的鼎力相助，南海区的安全应急产业规模呈现突破性增长态势。过去的三年里，南海地区的生产总值分别为 3177.55 亿元、3560.89 亿元、3730.59 亿元，其中，安全应急产业类企业年销售收入增长率为 18.3%。

　　地处丹灶镇的粤港澳大湾区（南海）智能安全产业园规划面积为 10000 亩，其性质为综合性园区，园区由 1000 亩产业核心区、800 亩商住休闲生活区、2000 亩翰林湖公园生态区和 3000 亩生产基地扩展区四部分组成。总投资超过 200 亿元，联东 U 谷产业为园区主要载体，目前已有 136 家企业入驻，其中规模较大的企业有 10 家，高新技术企业有 13 家，其中 25 家以建成的企业工程中心及实验室入住。园区以优惠政策吸引高端人才加入，目前已有 5 位院士和 27 名高层次人才应招入住，园区还成功创立了 13 个区级以上的创新科技团队。园区秉承将安全产业与信息化、智能化和大数据相结合的宗旨，以专业技术研究院提供技术研发、人才培训和产品检测等服务为路径。南海区的安全应急产业规模大、范围广，涉及安全材料、专用安全生产装备、个体防护用品、监测预警产品、应急救援处置装备、安全应急服务等多个领域。从上游原材料、技术研发平台、配件加工到下游市场、应用端、集成商形成一条完整的趋于完善的产业链。有近 50 家国内外知名品牌企业和"隐形冠军"企业集聚园区，其中超过 20%的企业在业内属于全球领先地位，位列世界知名品牌行列；在中国市场份额中处于领先地位的企业超过 60%。在安全应急产业发展进程中南海区已经从主要依靠丹灶核心园区，开创了大沥与丹灶两镇互相配合、双轮驱动的双赢局面。

第二节　园区特色

一、专精创新引领产业发展

产业的发展需要不断注入活力，焕发朝气，始终走在创新科技前沿，作为国家安全应急产业示范基地的南海区有得天独厚的优势，顺势而为创新发展。仅用三年时间，南海区在原有的基础上创建了 11 家省级以上研发机构，佛山市南海区广东工业大学数控装备协同创新研究院、佛山市中山大学研究院、广东欧谱曼迪科技有限公司和佛山中科芯蔚科技有限公司等科技研发机构的问世，成为南海区产业发展的一大助力。南海区敏锐地抓住机遇，投入占销售收入比为 4.1%的研发资金，其效果显而易见，获得有效发明专利数在原有的基础上增加了 35 件，总数达到 241 件，增长 18.6%。有效发明专利的贡献在企业每亿元主营业务收入中占比 0.7%，其中安全应急领域的有效发明专利数占全部有效发明专利数的 47%。南海区在创新方面的高瞻远瞩和强大能力为产业健康快速发展提供了更大的舞台。

二、数字化智能化带动产业升级

南海区政府以科技创新为宗旨，结合本土特色以金融和财政相组合的方式，推动"机器换人"的战略部署。安全应急领域已有 46%的企业使用工业机器人，83.6%的企业被其他智能设备所替代，政府与企业协同合作发展，携手建立促进该领域快速发展的政策体系。而传统制造企业则利用大数据技术达到降低管理成本的目的，运用智能制造技术完成生产模式从批量化向个性化转变的过程。南海区通过大数据技术来管理生产过程的突破，大大降低了企业的生产成本，同时与软件公司合作打造 SAP 系统，不仅提升了生产设备和工艺的智能化程度，更提高了企业在生产过程中的品控能力。广东强裕电力公司为满足小型化和个性化订单的生产加工需求，正在加紧建设自动化立式氧化电泳生产线。南海安全应急领域多家企业与阿里云签订合作协议，加快企业智能化步伐，利用大数据和人工智能等技术完成对传统工厂生产线进行智能化改造的目标。

三、配套设施提升夯实发展根基

南海区招商引资为企业进驻和发展提供完善的一条龙服务体系。一方面，继续推进政务服务改革政策落实，"集中为原则，不集中为例外"，实施相对集中的行政审批的简化，隶属区级相关部门的审批服务集中统一到一个内设机构，镇街行政服务中心实体大厅则集中办理镇街与企业紧密相关的政务服务事项审批，政务服务事项办理由"线下办"逐渐向"网上办"转移，简化优化营商服务环境，为企业提供便捷一站式服务。南海区切实解决企业的后顾之忧，出台了《佛山市南海区关于实施"十百千"工业企业培育计划的意见》，推出一系列鼓励企业做大做强、降低融资成本、放宽用地条件、推动科技创新和解决子女入学等举措，将对培育期内工业企业的支持落到实处。切实可行"含金量"极高的具体扶持政策的出台，极大地吸引资本、技术、人才等资源要素聚集南海，为南海经济发展注入强大活力。南海区采取一系列措施，强化组织领导，建立企业培育目录库和高效服务体系，通过区镇领导与企业对接和企业服务直通车等形式，关注满足企业需求，跟踪服务到位，全方位多角度助力企业做大做强。

第三节　有待改进的问题

一、产业缺乏龙头带动效应

南海区安全应急产业有些领域龙头企业匮乏或龙头效应不显著，中小企业占比较多。致使企业产品在国内行业市场的占有率较低，这种状况涉及各个细分领域，目前还没有国际一流的安全应急产业企业入驻。支柱产业龙头的带动作用缺失，产品在中低档徘徊，加之产业分工不明显、相关配套产业跟不上、产业链不完善等因素，严重阻碍了产业健康发展，更无法打入国际市场。南海区安全应急产业各企业间的关联性不够紧密，如个体防护用品企业基本上处于各自为战的状态，导致各企业无良性竞争、无创新合作。政府要有针对性地建梁搭桥，促进企业之间的技术交流与合作，使安全应急产业展现出力争上游的大好局面。

二、产业链急需补短锻强

南海区安全应急产业链的核心环节还很薄弱，问题主要集中在产业链中游的生产制造环节。而附加值高的研发、设计等产业链上游环节，下游的市场服务、售后服务等环节不够牢固。产业链的脆弱严重制约了产业经济总量的增速。南海区的产业结构分布不够合理，劳动密集型制造业、资源加工业、装备制造业等产能过剩，而外向型经济企业、高新技术企业相对弱势。此外，安全应急服务领域与需大力发展的智能制造、新材料等新兴重点产业脱节，尚未形成协同促进互为助力效应。南海区尚未形成完善的安全应急产业理论指导体系或专业性指导方案政策指导，直接影响了服务产业规模化、专业化、集聚集约化的形成。

三、人才储备不足制约发展

安全应急产业涉及各个领域，属于跨领域整合型产业。创新人才是安全应急产业发展的关键，也是提升产业自主创新能力的基础。位于南海区的佛山市与邻近城市广州和深圳相比，在吸引高端科技人才方面无明显优势，高端人才资源稀缺。因此，如何创造条件以优惠的政策广纳国内外安全应急产业领域的复合型人才成为南海区发展安全应急产业的重中之重。例如，地处佛山市的狮山镇和西樵镇，由于文娱设施较其他镇街相对落后，其他生活设施不很完善，安全应急产业高科技企业及研发机构因此很难吸引领域内优质专业人才落户。南海区高校在安全应急产业领域的专业学科设置难以满足安全应急产业对专业人才的需求，这就需要结合南海区安全应急产业的未来发展做出有针对性切实可行的规划，利用高校资源，以及建立培训学校、技术专科学院等方式来培养专业性人才，为南海区安全应急产业创新发展注入新的活力。

第十五章

随州市应急产业基地

第一节　园区概况

　　湖北省随州市是首批认定为"国家应急产业示范基地"的城市之一，同时又被授予"国家安全应急产业示范基地"称号。两个国家级荣誉的加持为随州市的安全应急产业发展增添了强大动力。随州市在安全应急产业注重创新发展，取得了令人瞩目的成绩。如通过科技赋能推动应急产业发展，使应急产业能够在"应"风而上的同时，还能"急"中生发智慧。为应急救援提供了多思路求发展的前景。随州市的安全应急产业目前已经进入了快车道，发展空间广阔，前景可期。借助技术创新和市场拓展搭建的平台，可以预期随州市的安全应急产业将会开创崭新局面。

　　截至 2022 年上半年，随州市安全应急产业相关企业有 240 家，其中 136 家挂档规上工业企业，齐星集团、程力集团、湖北金龙新材料等知名企业上榜，这些企业规模大，生产的安全应急产品达 100 种之多，年产值直逼 600 亿元。另有 70 多家拥有应急专用车资质企业，所生产的应急专用车占全省总量的三成以上，占全国市场份额的 10% 之多。专用的应急篷布年产量高达 2 亿平方米，稳居全国应急篷布市场份额的 30% 以上，并站稳海外市场，出口全球 40 多个国家和地区。2022 年上半年，随州市安全应急产业的总产值 280 亿元，同比增长 5%。随着随州市的应急产业产业链的完善和生产体系的日臻成熟，其未来发展前景广阔可期。

随州市牢牢把握 "汉孝随襄十"万亿级汽车产业走廊发展机遇，出台一系列相关政策，推动调整产业结构、推进项目、扩大产能，不断完善延伸产业链，提高价值链水平等方针方案的落实，初见成效。随州市目前已具备年产 20 万辆应急专用车、2 亿平方米应急篷布、300 万吨应急医药物资的生产能力。各安全应急装备制造企业抓住机遇，紧紧围绕企业核心业务，力争优化资源配置最大化，规划市场布局合理可行，力争在同行业中能稳居制高点。程力专汽公司是湖北省国防动员委员会授予的全省"特种车辆应急动员保障中心"。金龙新材料公司是民政部、中国红十字会指定的救灾物资生产企业，企业生产的水上应急冲锋艇和应急饮用水蓄水池在 2020 年特大洪涝灾害中经受住了考验，发挥了重要作用。江南专汽公司开发生产的 A 类泡沫消防车和登高平台救援消防车等车型达到国内先进水平，填补了中南五省专用车的空白。广水MVR 蒸汽压缩机、高效透真空平机、动（静）叶可调轴流风机和地铁隧道轴流风机等产品填补了省内同领域的空白。

第二节　园区特色

一、项目引领促发展

随州市深知项目建设是安全应急产业高质量发展的关键，历来对项目建设十分重视。探讨出以内外联动和补充产业链的方式打造立体化应急产业发展新格局的新思路。到 2022 年，随州市将 70 个安全应急产业项目列入实施计划，计划投资 110 亿元。其中省级 "专用汽车和应急装备检测研发基地"重点项目正在紧锣密鼓地推进。该项目的主要功能就是能提供多种配套服务，如专用车检测认证、新产品研发试验、应急装备实景检验、关键零部件质量检测等，项目一旦完成投入使用，将会大大促进应急产业链向高端延伸扩展。而程力专汽应急救援装备产业园、湖北金龙应急救援产品智能制造、全国应急专用车装置检测中心等项目也正按计划有序推进。项目建设是随州市推动产业发展的重要切入口，随州市加大延长和补充产业链的力度，推动产业融合和区域协同发展的战略布局已初见成效。而在其他领域，如应急专用车、汽车特钢、智能加工装备、车用新材料等，随州市在充分调研的基础上，合理布局制定切实可行的项目规划，招商引资，集万众之力推动安全应急产业链升级，开创安全应急产业发展新格局。

二、创新驱动赋动能

创新是企业生存发展的灵魂，唯有不断创新才能使产业立于不败之地。随州市政府采取一系列措施，助力安全应急装备制造企业，实施了专业化、精细化、特色化、创新型"专精特新"和单项冠军培育等举措。方针策略精准、举措落实到位，极大地促进了企业的创新能力、扩大了市场份额、提升了品牌影响力。如江南专汽、润力专汽、三峰透平等企业被赋予国家级专精特新"小巨人"企业称号；程力专汽、齐星车身、重汽华威等 41 家企业获得省级细分领域"隐形冠军"殊荣，战略布局的精准使应急产业成为随州经济高速发展的主打产业。科技创新极大地推进了随州安全应急产业高附加值产品问世的进程，例如航天员医疗保障车、应急救援指挥车、智能折臂吊车等科技产品，整个产业占比达25%。可以预期，未来随州市在科技创新的引领下，产品体系、发展模式和发展路径还会再上新台阶，安全应急产业会拓宽领域向更高层次发展。

三、深入研发锻长板

随州市安全应急产业领域的骨干企业坚持将年销售额的 4%至 5%用于技术研发，始终保持安全应急产品市场的新鲜活力，长盛不衰。2022年上半年，随州市共克时艰，生产的 4000 台救护车大大缓解了疫情带来的压力，而其中 1600 台负压救护车，更是为抗疫雪中送炭。程力专汽生产的 3 辆科技含量极高的医监医保车，保障了神舟十三号航天员顺利返航；东风随专 51 辆新型特种危化品专用车落户上海。随州市在科技创新路上越走越顺畅，开始向更深层次拓展，先后建立了湖北省专汽研究院、随州武汉理工大学工业研究院、湖北省应急产业研究院，致力于整合行业内技术和人才资源，在优质创新、协同发展、齐心协力加速关键技术攻关方面，不断有新产品问世。2022 年是随州市硕果累累的一年，共申报发明专利 56 项，转化科技成果 19 项，12 家企业、20 个项目入选省级以上科技项目，8 家企业参与了 14 个国家标准制定，展现了随州市安全应急产业领域在技术创新和科技成果转化方面的智慧。

第三节　有待改进的问题

一、产业缺乏多元化发展

随州市安全应急产业"三多三少"的现象极为普遍，表现在产业链方面，低端产品多，高端产品少；在产品质量方面表现为，大路货多，有科技含量的产品少；在产品门类方面表现为，传统产品多，国内领先的产品少。市场上同质化竞争激烈，导致产品附加值低，严重影响了企业良性发展。随州市政府当务之急应充分发挥自身的特色优势和区域品牌效应，有的放矢，积极引导安全应急产业相关企业差异化发展，在扶持全国"单项冠军"的同时，注重对有潜力的企业因势利导，支持有实力的企业加大品牌滚动发展力度，加速全国知名品牌的培育。有针对性地支持行业内的龙头企业变中求发展的新格局，生产设备向智能化发展，扩大生产能力，力争产业在智能制造方面取得突破性进展。

二、产业结构有待优化

随州市的安全应急产业骨干龙头企业匮乏，行业配套处于劣势。这些应急产业发展中的硬伤很难在核心竞争中占据优势，很难在行业内领先的"独角兽"型企业中占有一席之地。加之一些企业缺乏自主创新能力，产品技术含量较低等弊端，导致高端产品技术不过关，如专用汽车在无人化、智能化、轻量化以及多动能、高动能、全地形方面普遍存在偏差，甚至有些问题很严重。这些问题亟待解决，随州市应加强安全应急产业的技术研发和市场研究，突破技术瓶颈。有条件、有实力的企业应成为研发团队和科研中心的生力军，要加强与国内外高等院校及科研院所的交流合作，走出去请进来。精诚合作助力企业攻克应急救援高端产品及安全应急服务质量，突破关键技术硬核。

三、支持政策有待跟进

随州市目前在安全应急专用汽车领域面临的最大难题就是人才匮乏。高端人才和实用型人才的严重缺失，加之企业用工难的问题一直得不到解决，有些安全应急产业，尤其中小企业资金短缺始终得不到改善，导致安全应急产业发展阻碍重重，企业发展滞后，后劲乏力。随州市应针对企业所面临的困境，大举措完善基础配套设施，战略布局夯实应急产业基础，政策倾斜、财税贴补，借助创新投融资手段缓解企业资金问题，助力中小企业走出困境。积极筹备建立人才培训中心，搭建安全应急产业云平台，切实解决技术人才缺乏、科技创新滞后等弊端。此外坚持走出去请进来，促进与其他省市示范基地之间的交流合作，学人之所长，补己之所短，实现资源共享和优势互补，使随州安全应急产业发展步入快车道。

第十六章

德阳经开区、德阳高新区安全应急产业基地

第一节　园区概况

德阳市位于四川盆地成都平原东北部，工业制造实力雄厚，工业门类较为齐全，拥有中国重大技术装备制造业基地、国家首批新型工业化产业示范基地、国家工业资源综合利用基地和国家中药现代化生产基地、中德工业城市联盟成员城市、联合国清洁技术与新能源装备制造业国际示范市等金字招牌，素享"重装之都"之美称。德阳市重装制造的雄厚实力和资源、相关专业人才储备为其安全应急产业的发展奠定了重要基础并提供了优势条件，因此德阳市也成为四川省发展安全应急产业的桥头堡。2017 年，德阳市获批成为第二批国家应急产业示范基地，成为四川省首个入选城市。2022 年，德阳经开区联合德阳高新区经工信部、科技部、国家发改委三部门评选为"国家安全应急产业示范基地"，成为西南地区唯一入选的一家基地。

目前，德阳经开区、德阳高新区安全应急产业规模已达到 120 亿元，力争到 2024 年，园区安全应急产业规模突破 180 亿元。当前，德阳经开区依托国机重装、四川宏华、东方电气等企业，在核电、风电、水电、钢铁、大型锅炉等大型装备领域和关键基础设施检测、监测预警、预防防护以及救援处置方面形成了应急产品体系。德阳高新区以油气装备、通用航空、生物医药三大产业为基础，建设以石油钻井平台及其专业应

急救援为主体、以低空和通用航空应急救援与服务为主体、以医药和生物医学及其涉及医疗救援为主体的应急产业。为提高德阳全市防灾减灾救灾和重点突发公共事件处置保障能力提供保障，一方面，德阳经开区将继续建设国家级关键基础设施检测、感知预警和安全应急救援处置产业带，打造西部安全应急产业研发与检测中心，另一方面，德阳高新区将进一步完善西部低空救援安全应急服务产业带，重点发展低空救援与安全应急服务体系，探索构建安全应急科技服务特色小镇。

第二节　园区特色

一、产业基础扎实稳固

德阳市围绕应急救援装备，积淀了深厚的技术实力和服务经验，在国家重大技术装备国产化的进程中发挥了不可替代的重要作用，具有很强的大型应急装备研发和制造能力，产业基础扎实稳固。现有规模以上安全应急产业企业 53 家，其中安全防护类企业 24 家，应急救援处置类企业 26 家，监测预警类企业 2 家，监测预警类企业 1 家。具体来看，德阳经开区在应急装备制造方面，拥有国机重装、中国二重等多家企业，在核电、风电、水电、火电、船用、钢铁、大型锅炉等大型装备领域和关键基础设施检测、监测预警、预防防护以及救援处置方面形成了自我保护的应急产品体系。德阳高新区在油气装备、通用航空、生物医药三大产业基础方面，油气装备产业以钻探装备为特色，形成了以宏华石油、宝石机械等龙头企业为引领，精控阀门等近 300 家关联企业共生发展的中国最大的油气装备制造产业集群，通用航空产业以西林凤腾为首，开展医疗救护、维修服务、应急救援等通用航空业务，以凌峰航空、新川航空为首，为军工企业和通用飞机制造提供优质装备，成为西南地区中小飞机起落架研制生产基地；生物医药产业以传统医药企业为骨干，新型生化企业为支撑建设产业集群，现有依科制药、源基制药、泰华堂等医药企业 32 家，"中药现代化科技产业示范基地"初具规模。

二、产业集群效应显著

德阳市充分发挥德阳经开区应急装备制造和德阳高新区"3大集群产业+应急产业"优势，致力于打造具有西部特色的安全应急产业集群，逐渐形成以应急救援装备制造、低空应急救援、医疗救援为核心的多元化防灾减灾安全应急产业集群。同时，德阳市充分发挥现有资源优势，突出发展三个应急产业带和搭建一个国际合作平台，即：以德阳经开区为依托，建设关键基础设施安全应急装备与服务产业带；以德阳高新区——广汉市——什邡市为依托，建设西部低空救援安全应急服务产业带；以汉旺——穿心店地震遗址保护区为依托，建设国际安全应急文化产业带；以汉旺论坛为依托，打造安全应急产业国际交流与合作平台。这种"3+1"模式使得德阳市逐渐形成创新驱动、高端引领、带动周边，辐射我国西部与南亚发展中国家以及"一带一路"国家和地区的安全应急产业发展格局。

三、技术创新能力突出

技术创新是德阳安全应急产业高质量发展的核心动力。在研发机构方面，截至2022年，安全应急产业方面的省级以上研发机构有12个，其中国家级实验室4个。在专利方面，截至2022年，德阳市安全应急产业相关专利300余个。在人才培养方面，德阳科贸职业学院于2019年成立了应急管理学院，其中中职部开设专业有"应急管理与减灾技术""建筑消防技术专业（五年制）""应急救援技术（五年制）"；应急管理学院高职层次开设"建筑消防技术""应急救援技术""智能安防运营管理"三个专业，已建成集实践教学、社会培训、消防技术服务于一体的高水平职业教育实训基地——消防安全实训基地、消防安全培训中心、消防教育科普体验馆等。在产学研用方面，德阳市已搭建五个平台，建立了有效链接，并与中科院、中物院、电子科大、西南交大、上海交大、北京化工大学、西南石油大学、重庆大学、西南科技大学等全国30余家高校院所建立了产学研合作关系。在公共服务平台方面，已建成省级中小企业公共服务示范平台2个，分别是德阳中小企业服务有限公司

（德阳市中小企业综合服务平台、德阳中科先进制造创新育成中心，为企业提供技术咨询、推广应用、知识产权交易等公益服务。市级中小企业公共服务示范平台 1 个，德阳智造工程技术有限公司（德阳高端装备智能制造创新中心），提供技术咨询、推广应用、创新创业等公共服务。

第三节 有待改进的问题

德阳经开区、德阳高新区安全应急产业园区具备成熟的政策基础、产业基础、技术基础、产业配套服务等，在继续推进安全应急产业发展中还应重点关注以下三个方面：一是安全应急产业供给水平有待进一步提高。需着力推动安全应急装备高端化、智能化、标准化、系列化、成套化发展，促进安全应急服务向专业化、社会化和规模化发展，补齐安全应急产业保障供给短板，加强卫生防疫物资生产储备，形成规模适度、品种合适、水平较高、反应快速的安全应急物资生产储备体系。二是安全应急产业创新能力还需进一步增强。园区安全应急产业主要以工程机械装备制造为主，与互联网、大数据及人工智能等信息技术融合度不足，需重点促进物联网、人工智能等高新技术应用于应急救援事件应对，并形成新产品、新装备、新服务。三是安全应急产业平台建设还需进一步完善。健全安全应急产业创新平台，通过"应急+技术"服务，加强相关重点领域科技创新平台建设，攻克产业关键技术，构建多元发展格局。完善安全应急产业基础平台体系，推进医药产业智能制造生产体系、国家（省）企业技术中心、医药电子商务平台和"互联网+"物流体系建设。

第十七章

江门市安全应急产业园

第一节　园区概况

江门市安全应急产业园位于江门高新区。江门市完备的产业基础为安全应急产业园发展奠定了基础，江门市工业产品门类齐全，工业体系完备，涵盖工业 41 个大类中的 35 个、207 个中类中的 142 个，是广东省安全应急等 8 大产业集群布局的核心城市。根据《安全应急产业分类指导目录（2021 年版）》，江门市安全应急产业园重点企业主要分布在应急救援处置类、安全应急服务类 2 个大类 8 个中类 16 个小类，在现场保障设备、抢险救援装备、生命救护用品、安全应急服务等 4 个细分领域已初步形成产业集聚，产业规模稳步增长。2021 年 11 月，江门市安全应急产业园筹备中的广东应急管理学院揭牌，重点发展现场保障、抢险救援、生命救护、安全应急服务，推动应急管理部国家安全科学与工程研究院设立分支机构，为园区"五维一体"推进安全应急产业发展奠定了坚实的基础。"五维一体"安全应急产业发展格局：指"安全应急产业园区、应急管理学院、应急科普体验中心、大湾区应急物资储备中心、全国重点实验室"五维一体安全应急产业发展格局。

第二节 园区特色

一、突出科技引领，创新发展优势不断巩固

江门市安全应急产业园深入实施创新驱动战略，所在的江门高新区在 2022 年全国高新区综合评价排名中继续上升，至第 53 位，创历史新高。江门高新区拥有国家级研发机构 1 家，省级研发机构 46 家，包括广东南大工业机器人创新研究中心、广东省抗感染药物（恒健）工程技术研究中心、广东省多式联运设备（中集）工程技术研究中心、广东省专用车关键技术研究及产业化工程技术研究中心等；研发投入占销售收入比为 4.6%；2020 年以来有效发明专利数新增 198 件，总计 561 件；2022 年，与中国科学院大学共建"江海智慧安全应急联合实验室"，江门安全应急产业（北京）孵化器正式运营，创新成果加速产业化，科创能力明显提升。

产学研用合作深入推进。江门高新区与西安交通大学签订共建西安交通大学（江门高新区）产学研合作办公室战略合作协议。另外，在 2020 年，江门高新区产学研成果转化实践基地挂牌成立，提升高校与科研院所知识产权创造能力，深化产学研合作，建设高价值专利培育中心，促进高价值知识产权创造和运用，把推进"产学研合作、科技金融融合、招才引智"作为实施创新驱动战略和知识产权强区的有力抓手。按照"学校＋企业＋市场化"的运作模式，打造集技术研发、成果转化及孵化、人才培养与引进于一体的开放式创新型科研实体和公共服务平台。

二、坚持制造和服务双驱动，加快构建现代产业体系

《广东省制造业高质量发展"十四五"规划》明确把江门作为安全应急产业的核心布局城市，为江门安全应急产业发展提供了有利契机。近年来，江门市安全应急产业园充分发挥传统制造产业的优势，在应急救援处置产品、抢险救援装备、生命救护产品、安全应急服务等领域已初步形成安全应急产业集聚。园区持续稳链延链补链强链控链，加快扩

大园区规模。目前，园区安全应急产业涵盖抢险救援装备、现场保障产品、生命救护产品、安全应急服务等领域，涌现了一批"隐形冠军"、专精特精"小巨人"企业，擦亮了"江门制造"的招牌。上游原材料、技术研发平台、配件加工等链条相对完善，下游如市场、应用端、集成商等的前景较为广阔。为加快构建现代安全应急产业体系，园区将积极落实"442"安全应急产业引入模式，即 40%的项目来源本地龙头企业转型，40%的项目来源引入国内应急产业龙头落地，20%的项目来源于科研成果落地转化，力争引进安全应急产业头部企业 2 家，推进江海智慧安全应急联合实验室建设，加快构建"五维一体"安全应急产业发展格局，串联产业链上下游配套企业，提升产业链协同发展能力。

三、强化服务体系建设，产业平台承载力不断提升

江门市安全应急产业园所在江门高新区建立了多个共性技术研发和推广应用平台。目前共有国家、省级创新创业孵化载体 7 家，公共服务平台 17 家。为了建立良好的孵化载体，助推区内企业创新，江门高新区打造了三个功能定位清晰的创新载体：火炬大厦，将更多的服务团队、更多的孵化资源引进来；高新区综合服务中心，一门式的涉企服务；研发大楼，多方引入国家检测中心、专业实验室、研究院，帮助企业开展产品研发，以此激发企业的创新活力。江门高新区火炬大厦目前进驻项目包括暨南大学研究院、五邑大学研究院、智能家居控制系统、纳米涂层材料、警用无人机等一批具有高科技含量、发展潜力大的项目。此外，高新区依托启迪之星全球创新孵化网络及科技集成优势，吸纳全球领先前沿技术和产品，匹配江门企业转型升级需求，并结合双方合作意愿，构建新型产学研融合创新链。在此基础上，高新区承办第五届中国创新挑战赛（广东）暨 2020 广东创新挑战赛，通过"揭榜比拼"等形式面向社会公开征集解决方案，进而为技术需求方和供给方搭建桥梁。此外，品牌孵化基地（平台）加速科技成果转化。2022 年成功举办首届应急管理与未来城市峰会暨中国产业互联网（江门）峰会，安全应急产业园引进项目共 73 个，安全应急产业产值增长超 18%。

第三节 有待改进的问题

一、产业规模仍需扩大

江门市安全应急产业园部分领域龙头企业较少，中小企业居多，企业产品在国内行业市场的占有率均不高，在各细分领域缺乏而且尚未有国际一流的安全应急产业巨头入驻，支柱产业龙头带动作用仍需加强，导致带动力差、产业分工不明显、相关配套产业跟不上、产业链不完善等不利影响。

二、产业投融资体系有待完善

园区内安全应急产品研发的前端和推广应用的后端扶持措施需进一步加大，企业科技研发投入不足，技术实力和规模较国外先进水平仍有差距，相关企业面临较大的竞争压力。园区科技基础设施建设、促进技术成果转化、政府采购倾斜等方面的政策扶持力度有待加强，产业发展多元化投资体系仍待完善。

三、产业结构有待优化

江门安全应急产业园在安全应急产业链上下游、互补等关联性方面仍需提升，后发技术、资金优势未充分体现，产业科技水平和集中度有待提高，同时，缺少国际知名企业也阻碍了园区安全应急产业与国际先进水平同行业者的交流，限制了国际化视野的发展。

第十八章

中国（泰州）智能安全应急产业园

第一节　园区概况

　　泰州市是江苏省辖地级市，是长江三角洲中心区城市，也是长江三角洲地区重要的工贸港口城市，中国（泰州）智能安全应急产业园主要依托江苏省泰州市姜堰经济开发区而创建，由泰州新开投资发展有限公司投资 17.5 亿元倾力打造。目前，园区已入驻 233 家企业，形成了消防、应急医疗物资、应急电源、安全应急装备等产业集群，智能应急产业规模达 150 亿元以上，成为推动姜堰工业经济高质量发展的新的增长极。2022 年，经工业和信息化部、国家发展改革委、科技部联合组织评审，中国（泰州）智能安全应急产业园获评成为"国家安全应急产业示范基地创建单位"。

　　中国（泰州）智能安全应急产业园依托先进装备制造、新能源、生物医药和电子信息等优势产业基础，在消防、应急医疗物资、应急电源、安全应急装备等领域已初步形成了产业集群，产品涵盖消防器材、医用耗材、应急水源保障、地下管网抢修维护、安全监控装备、阻燃防爆等数百种产品。以双登集团、五行科技、振华海科、苏中药业等为代表的支柱企业，建有研发中心和检测设备，拥有大量的专利产品。产业园以智能制造为契机，以应急救援处置类产品为重点，突出高端消防装备产品发展特色，致力于将园区打造为引领东部区域安全应急产业系统化、智能化发展的国家安全应急产业示范基地，着力打造立足长三角经济带、面向东部地区、辐射"一带一路"的安全应急产业集群,为建设"强富美高"新泰州提供了强有力支撑。

第二节　园区特色

一、政策发展环境良好

一是泰州市姜堰区设有专门的安全应急产业管理组织机构并制定了相应的管理制度。2021 年 7 月,姜堰区成立了由区委副书记为组长,区委常委、副区长、开发区党工委副书记为副组长的建设国家安全应急产业示范基地工作领导小组,统筹加强安全应急产业发展和国家安全应急产业示范基地创建工作。二是地方政府在发展规划、财税政策、人才政策、政务服务、创新创业等方面给予支持。2021 年 3 月,发展智能应急产业被列入姜堰区"十四五"发展规划。同时,产业园与多方部门签署协同战略合作协议,为入驻安全应急类企业提供包括税收、厂房资源、专项资金、人才奖励、总部集聚相关的专项政策支持。三是公共服务平台较为完善。经济开发区内有江苏省产学研合作智能服务平台、泰州市科技创新综合服务平台、姜堰市科技成果转化服务中心、泰州市船用水泵检测技术服务中心等 6 家平台,平台涉及包括知识产权交易、创新创业、成果转化、检测检验、推广应用等多个功能。

二、专业发展特色突出

中国(泰州)智能安全应急产业园主要聚焦于应急救援处置同一专业领域,主要涉及消防装备、紧急医疗救护产品、应急后勤保障、专业抢修器材等。产业链上下游配套较为完善。例如,在消防装备细分领域,主要涉及消防水带、灭火器等消防器材,高楼灭火无人机、灭火机器人、消防水炮等消防装备,以及安全绳网、防火门、空气呼吸器、防爆电机、船用消防设备等,代表性企业——中裕软管科技股份有限公司(简称中裕软管)专注于消防水带的生产,集研发、制造和销售于一体,涉及上下游全产业链,是目前全球一流的一次成型扁平软管制造商。在紧急医疗救护产品细分领域,主要涉及口罩、防护服、消毒液、医用敷料等医疗器械的生产，空心胶囊制造、药品生产等。另外，经济开发区已引进应急防护用品及医用智能装备、医疗自动化装备核心部件研发相关项目，产业配套较为齐全，产业集聚初步形成。

三、研发创新能力优异

姜堰经济开发区研发投入较大，拥有应急救援处置类国家级研发机构 3 家，省级研发机构 27 家。企业研发投入占比达 4%以上，企业有效发明专利数 100 余件，应急救援处置类发明专利数占比为 95%。同时，园区建立了良好的产学研用合作机制，建有共性技术研发和推广应用平台。先后与中科院、哈工大、上海大学、东南大学等知名高校院所开展全面合作，搭建了哈工大机器人智能制造研究院、上海大学新材料（泰州）研究院、中科院泰州分中心姜堰工作站等一批产学研合作平台，形成了产业链与创新链互动互促的发展格局。在科技成果转移转化方面，姜堰区积极落实《关于 2019 年泰州市重大科技成果转化专项资金的通知》，江苏振华泵业制造有限公司的"军民两用高性能低振动舰船用泵关键技术研发及产业化"等 6 个项目被列为市重大科技成果转化项目，共获资助经费 1380 万元，项目数并列泰州市第一，资金总额位列泰州市第二。姜堰区重视产学研用建设，积极建立成果供需平台、产业化平台，构建了共同研发、优势互融、资源共享的科技成果转化体系。

四、注重新一代信息技术应用

中国（泰州）智能安全应急产业园经济开发区将新一代信息技术作为安全应急产业发展方式转变、经济新动力培育、核心竞争力提升的战略选择。其中，中裕软管在疫情期间，通过"布网、上云、用数、赋智、接链"的技术支撑体系，在疫情精准化防控和企业有序复工复产中发挥了重要的作用。此外，产业园区安全应急增援处置领域很多企业也实现了设备智能化、生产过程自动化等。例如，泰州鑫宇精工股份有限公司依靠大数据分析，形成了温度、湿度、风量、风向、风速等因素的智能叠加控制技术，制壳效率显著提高；围绕智能叠加控制技术的工艺需求，创新应用了精密铸造制壳专用多工位自动机器人，组建了制壳全工序智能生产线，可满足大小批量复杂铸件的精确制造；自主研发了制壳系统智能制造控制软件，通过制壳机器人控制、淋浮砂机控制等 9 个模块的系统集成，实现了生产全过程智能控制及可视化管理。

第三节　有待改进的问题

中国（泰州）智能安全应急产业园在产业基础、政策支持、研发创新、配套服务等方面均具备良好的优势，园区特色鲜明，应急救援处置专业实力突出，但在安全应急产业推进发展过程中仍存在以下几方面问题：一是产业规模和产业链仍待优化。产业园区虽然具备一些超亿元的企业，但大部分从业企业，尤其是消防安全、安全应急装备制造企业以中小企业为主，生产规模较小，技术水平较低，各细分领域分工不明显，上下游产业关联性不显著、产业链有待完善，产业配套存在困难，后发企业技术、资金优势不能充分体现。二是投融资政策有待完善。中小企业在获得信贷资金的机会、额度和长期性方面存在一定困难。安全应急产品研发的前端和推广应用的后端扶持措施需进一步加大，科技基础设施建设、促进技术成果转化、政府采购倾斜等方面的政策扶持力度有待加强，产业发展多元化投资渠道不够通畅。三是安全应急产业与其他产业融合不足。区域内安全应急产业与智能制造、新材料等新兴产业尚未形成协同效应，在重大产品与系统、基础材料、元器件、软件和接口等方面差距较大。姜堰经济开发区雄厚的信息产业基础对整体安全应急产业的带动效果仍需进一步提高，要充分发挥出信息产业对安全应急产业的支撑和引导作用。

第十九章

长春安全应急产业示范基地

第一节　园区概况

　　长春安全应急产业示范基地主要依托长春经济技术开发区（以下简称"经开区"）创建，经开区成立于 1992 年 7 月，1993 年 4 月经国务院批准为国家级经济技术开发区。经开区自建成以来，经过三十年快速发展，逐渐形成了以汽车安全技术与装备为主要特色的安全产业集群。在政府引导和龙头企业的带领下，经开区安全产业的主导行业产业链齐备、配套完善，融合、依托先进装备制造、光电子、生物医药、卫星应用等优势产业蓬勃发展。区内安全应急产业企业均为拥有自主知识产权的高新技术企业，产业发展动力充沛、规模增长迅速，2018 年至 2020 年，经开区安全应急产业年平均增长率达 13.64%，重点行业领域优势明显，产业基础不断壮大。近些年来，全力打造以汽车安全技术与装备为特色，先进应急保障技术与装备、智慧安防和安全服务协调发展的国家级安全应急产业示范园区。2022 年，长春经济技术开发区入选国家安全应急产业示范基地创建单位名单。

　　在汽车安全领域，依托汽车产业雄厚的产业基础，经开区内集中了包括长春德而塔-富维江森高新科技有限公司、长春博泽汽车部件有限公司、长春富维安道拓汽车饰件系统有限公司、长春奥托立夫汽车安全系统有限公司、德尔福派克电气系统有限公司长春分公司、天合富奥商用车转向器（长春）有限公司、蒂森克虏伯富奥汽车转向柱（长春）有限公司，福耀集团长春有限公司等产品覆盖汽车安全的全产业链、市场占有率高的众多行业领先企业。

在安全应急产业发展过程中，还涌现了包括中盈志合吉林科技股份有限公司、吉林省北斗导航位置服务有限公司、长春长光辰芯光电技术有限公司、长春市泽安科技有限公司等具有技术代表性的企业，产品涵盖极端条件应急供电设备、特种防护装备器具、安全逃生避险系统、反恐防暴科技产品、高精度传感器、北斗位置综合移动救援服务平台等特色产品。

第二节　园区特色

一、重视创新能力提升

经开区具备创新的发展理念，多样的创新平台。为营造良好科创氛围，经开区以"三个一"为指导，即"引进一批高端人才，带动一批特色产业，打造一个平台，"助推区域产业向高质量发展。通过建设科创广场、双创中心，打造科创高地；依托院士团队等高端人才项目和资源，为产业转型升级提供了有力的人才支撑；打造"人才改革试验区"和"中小企业孵化平台"，为产业谋划和布局提供了良好载体。长春经开区共打造了综保区产业促进平台、浙大（校友）长春产业科创中心、人工智能创新中心、智能制造四大创新平台，在四大平台的带动下，经开区内安全应急产业的研发能力逐步增强，安全技术和装备科技含量和整体水平也不断提高。当前，经开区现有省级以上研发机构 36 个，国家级和省级工程研究中心、企业技术中心、制造业创新中心等 65 个，其中相关领域国家级研发机构 9 家、省级研发机构 21 家，安全应急产业企业研发投入占销售收入比值达 4%以上，相关领域有效发明专利数 200余项。

二、重点行业领域优势明显

经开区工业基础扎实，工业门类齐全、重点行业领域优势明显，产业基础不断壮大。经开区安全应急产业以车辆专用安全生产装备、交通专用安全生产装备、躯干防护用品和安防专用安全生产装备为特色，深耕安全应急产业的安全防护类领域。2020 年，长春经开区规模以上工业企业共 141 家，其中 51 家为汽车零部件企业，安全应急产业安全防护类企业 18 家。车辆专用安全生产装备产业链上下游配套齐备，形成了包括防撞系统、汽车制动系统、电子制动力分配系统、汽车安全玻璃、安全带、电控装置、安全气囊、头颈保护系统等在内的汽车主被动安全产品和技术，车辆检测、高安全性电池材料、无人驾驶、低温极端环境下新能源汽车的安全性能测试等领域关键技术的研发和产业化也在加速推进，为经开区以车辆专用安全生产装备为主的安全应急产业提供产业链配套。此外，智能制造、光电信息、新材料、生物医药、大数据、国际贸易、跨境电商等战略性新兴产业发展势头良好，为经开区安全应急产业高质量发展和传统产业转型升级提供了上游装备、技术和服务支撑。经开区还在城市智慧安防、智慧楼宇、智能家居、新型材料、电子及机械机电、应急救援装备、特种防护、检测技术及装备、医学救援和应急处置设备及药品等领域形成了特色产品，并依此发展安全防护大类产品下的车辆专用安全生产装备、安防专用安全生产装备和躯干防护用品。

三、积极搭建宣传平台

经开区内的长春国际会展中心是长春市政府和经开区共同投资兴建的大型现代化展览场所。会展中心占地面积 33 万平方米，总建筑面积 91820 平方米的室外展场，会展中心功能齐全、设施完备，具有承办大型国际博览会、全国性贸易洽谈会的能力，可以为国内外安全产品供需双方提供一个信息传播，技术交流和经贸洽谈的良好交流平台。经开区发挥区内长春国际会展中心推广优势，举办了多届吉林（长春）国际社会公共安全产品展览会、国际消防安全与应急产品博览会以及东北亚（吉林）安全应急产业博览会，为安全应急产品供需对接洽谈、产业项目对接提供了平台，助力经开区打造国际化产业品牌。此外，会展中心还面向企业、社会公众提供了安全应急宣传、教育、体验、演练等公益服务。

第三节　有待改进的问题

　　长春经济技术开发区在推进安全应急产业发展的过程中取得了一定的成效，汽车安全领域发展领先，举办的产业宣传活动在国内外具有一定的影响力，推动了安全应急产业高质量发展。但随着国家对安全应急产业发展支持力度的不断加大，多个城市都意识到安全应急产业的广阔市场空间和良好发展前景，国内各地竞争加剧，因此长春安全应急产业基地发展仍然面临严峻形势。总体来看，当前经开区安全应急产业发展主要存在以下两方面问题：一是产业结构单一，产业体系有待完善。经开区安全产业主要集中在汽车安全领域，产业结构单一，不适应市场变化。其他领域企业规模普遍不大，且分散在应急救援、个人防护、智慧安防、安全材料、装备制造等多个领域，缺乏大型龙头企业带动，尚未形成具有一定规模的安全产业集聚区，无法带动产业集聚效应，不利于产业壮大升级。二是人才吸引力不足。与发达地区相比，经开区缺少在安全应急技术和创新方面具有优势的高校，在吸引人才方面仍处劣势，高级人才，特别是专业人才资源依然匮乏，对产业支持不足。如何创造条件，引进国内外安全产业领域复合型人才已成为经开区安全应急产业发展的关键。

第二十章

怀安安全应急装备产业基地

第一节　园区概况

国家应急产业（怀安）示范基地位于河北怀安经开区。2015 年 10 月，工信部、科技部、国家发改委授牌怀安工业园区为国家应急产业示范基地后，县委、县政府加大产业结构调整力度，改善园区基础设施，出台招商引资优惠政策。经过多年的培育发展，通过引入重大项目，加强市场培育与应用，其中安全应急产品总收入比重、安全应急产品市场占有率、安全应急产品研发投入强度呈逐年上升趋势。目前，经开区共集聚安全防护类装备制造企业及配套企业约 45 家，其中规模以上企业 30 家，骨干龙头企业 6 家。示范基地以安全防护装备为特色，拥有一大批生产制造车辆专用安全生产装备、矿山专用安全生产装备、冶金专用安全生产装备、建筑施工专用安全生产装备等骨干企业，主导产品占据国内市场重要地位，汽车安全零部件、安全座椅、车辆安全设备检测检验装置、矿用安全防护装置、矿山除尘设备、金属冶炼储运容器防泄漏装备、冶炼业通风设备、建筑施工工具式防护栏杆、架桥机等技术水平先进，有的已批量出口销往国际市场。

第二节　园区特色

一、政府高度重视促进产业发展

怀安经开区政府通过系列政策将重视安全应急产业发展工作落到实处。认真梳理与安全应急产业相关的政策措施，不断加以补充完善，形成促进安全应急产业加快发展的政策体系。一是细化扶持政策。《怀安县支持科技创新若干措施》，从加快发展高新技术企业、培育发展科技型中小企业和科技"小巨人"企业、支持企业开展创新等 10 个方面加大扶持力度。二是加大财政投入。《怀安县大力发展民营经济的实施意见》从降低市场准入门槛、拓展民间投资领域等方面为企业提供支持和保障。三是促进招商引资。《怀安县招商引资优惠政策》从土地政策、融资政策、扶持政策、服务保障等方面给出各项优惠条件。加大招商引资力度，加强与国内外大企业、大集团的战略合作，引进一批带动性大、支撑力强、具有标志性的大项目，促进应急产业集聚；抓住北京非首都功能产业转移机遇，加强与北京及周边外迁应急企业联系，吸引外迁企业落户基地。

二、上下游产业链较为完善

车辆专用安全生产装备方面已形成较为完善的产业链上下游配套。以南山汽车产业集群为例，目前，该集群共入驻 26 家与汽车相关的企业，实现主营业务收入超百亿元。自沃尔沃发动机和领克汽车项目落地怀安经开区发展以来，一大批上下游企业纷至沓来，开启了全市装备制造产业由中低端粗放型向高端精品型的转变。领克汽车张家口工厂和沃尔沃汽车发动机工厂建成了集汽车整车、发动机、变速箱、零部件以及试车厂、研发中心、仓储物流为主体的国际一流汽车城，推动张家口市乃至河北省的装备制造业转型。零部件项目补链强链，极大推动南山产业园汽车产业链条不断延伸。围绕整车制造，加拿大麦格纳座椅、上海地毯内饰、上海航发冲压件等 8 家零部件生产企业全部实现批量生产。上海远天、北京兆驰、浙江斯洛 3 家物流企业入驻，对应 110 多家汽车供应商，推动供应、生产、销售联动发展。此外，总投资 10 亿元的长春众鼎汽车智能网联项目的研发团队已进驻；耐德液压阀生产、众诚机动车检测等项目正在建设中。

三、产学研用体系建设作用凸显

在安全应急技术成果转化方面，由中国技术交易所有限公司在基地建立中国技术交易所怀安应急技术服务中心，打造示范基地最具影响力的综合性科创服务平台。通过平台的建设，力求通过科技成果转化，激发基地科技创新活力，完善基地科技服务体系，推动基地体制机制改革创新，有力支撑基地安全应急产业发展。在信息平台建设及应用方面。基地自筹资金，积极谋划，主动作为，一是开展了基于国家级应急产业示范基地的全媒体建设。主要开发和运营内容有河北应急网和河北应急资源网等综合门户网站建设。二是进行基于国家级应急产业示范基地的大数据平台建设。主要开发和运营应急物资共享平台、应急装备共享平台、应急场地共享平台等。三是基于国家级应急产业示范基地的电商平台建设，搭建全球一站式安全应急产品和服务采购平台。联合中电科 54 所等单位，在应急指挥系统的规划、应急信息系统建设等相关标准方面进行积极合作。

第三节　有待改进的问题

一、基地规模和体系有待完善

目前，基地内龙头企业较少、中小企业占绝大多数，缺乏一批控制力和根植性强的链主企业，安全应急产业各细分领域呈现出同类产业分散、产业联系薄弱的形态。怀安经开区虽然已引进与培育了以中防通用、中安三秒、中安众博等为代表的一批安全应急产业领域企业，但是安全应急产业整体产值规模较小，辐射带动作用较弱。同时，怀安经开区尚未建立起安全应急产业应用的新商业模式，在人才培养和聚集、产业形态构建、商业模式规范、技术整合方式、金融支持保障等方面还没有建立起与传统产业有差异的新型服务体系。

二、产学研合作机制尚不健全

安全应急技术研发还是以常规技术为主，存在同质化现象；缺乏开拓性、颠覆性技术创新；此外，部分细分领域已落地转化的核心关键技术与本土产业企业的联系与嫁接仍需加强。怀安经开区安全应急产业集群的体量小，支持安全应急产业发展的平台服务能力不强，还没有形成完善的产学研等技术支撑平台。高校和科研机构不能主动关注安全应急产业的发展方向和需求，属于政产学研用联合体的中国技术交易所怀安应急技术服务中心，在促进企业与高校、科研院所的技术转化和良性互动方面发挥了一定作用，但需进一步加强。

三、产业专项支持政策较少

为加快基地发展建设，怀安县委、县政府成立安全应急产业发展领导小组，出台了相关支持政策，但国家级贫困县因资源与财力有限，效果不够明显。安全应急产业发展顶层统筹与管理体制不健全，支持安全应急产业企业发展的普惠性政策较多，但专项支持政策仍然相对不足，对安全应急科技成果转化、安全应急产业项目落地、创新平台建设、人才培育等专项政策急需加强。围绕吉利领克整车、沃尔沃发动机、安全应急专用改装车等龙头企业，兼并重组上下游关联企业、产值过 50 亿元安全应急产业骨干企业培育力度不大。

企　业　篇

第二十一章

杭州海康威视数字技术股份有限公司

第一节　企业概况

一、企业总体情况

杭州海康威视数字技术股份有限公司（以下简称"海康威视"）是以视频为核心的智能物联网解决方案和大数据服务提供商，当前，公司从安防企业不断转型为"智能物联 AIOT"科技巨头，打造数字经济航空母舰。

公司成立于 2001 年，初期以生产销售板卡、DVR 业务为主。2007年，公司首次推出摄像机产品，迈向安防前端领域；两年后转型为行业一体化解决方案提供商，满足客户定制化需求。2010 年，海康威视于深交所挂牌上市，次年全球视频监控市场占有率跃居第一，奠定了行业龙头地位。自 2012 年起，海康威视开始探索深度学习 AI 技术，并于2015 年正式发布深度智能产品，进入智能化时代，并陆续推出 AI 智能产品，成为安防领域数字化领军企业。2019 年公司蝉联多年视频监控行业全球市场第一，发布物信融合数据平台，开拓创新业务。2021 年起海康威视专注定位于"智能物联 AIOT"，致力于将物联感知、人工智能、大数据技术服务于千行百业，引领智能物联新未来。2022 年，海康威视全面践行智能物联战略。

海康威视的业务可概括为 3 类支撑技术、5 类软硬产品、4 项系统能力、2 类业务组织和 2 个营销体系。其中，3 类支撑技术包括物联感

知技术、人工智能技术和大数据技术；5 类软硬产品包括物联感知产品、
IT 基础产品、平台服务产品、数据服务产品和应用服务产品；4 项系统
能力包括系统设计开发、系统工程实施、系统运维管理和系统运营服务；
2 类业务组织包括 3 个事业群（公共服务事业群、企事业事业群和中小
企业事业群）和 8 个创新业务（智能家居、移动机器人与机器视觉、红
外热成像、汽车电子、智慧存储、智慧消防、智慧安检、智慧医疗）；2
大营销体系（国内业务营销体系和国际业务营销体系）。

　　海康威视的业务构成见图 21-1。

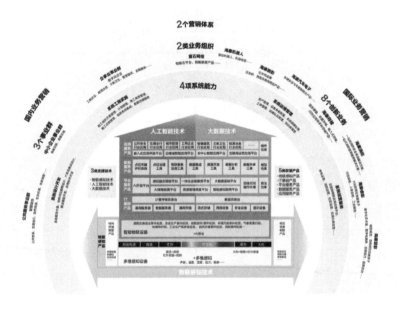

图 21-1　海康威视的业务构成
（资料来源：海康威视年报，2023,05）

二、财年收入

　　2022 年，全球宏观经济波动加大、地缘政治错综复杂、欧美制裁
打压升级；国内面临需求收缩、供给冲击、预期转弱等方面压力，给企
业经营带来巨大挑战。海康威视秉承"专业、厚实、诚信"的理念，以
积极、审慎的态度应对各种不确定性，2022 年公司实现营业总收入约
831 亿元，比上年同期增长 2.21%；实现净利润约 128 亿元，比上年同

期下降 23.81%，公司成立二十一年来首次出现利润负增长。

海康威视 2018—2022 年财务情况见表 21-1。

表 21-1　海康威视 2018—2022 年财务情况

财年	营业收入情况		净利润情况	
	营业收入/亿元	增长率/%	净利润/亿元	增长率/%
2018	498	18.9	114	21.3
2019	577	15.86	124	8.77
2020	635	10.05	134	8.06
2021	813	28.03	168	25.37
2022	831	2.21	128	−23.81

数据来源：赛迪智库整理，2023.04。

第二节　代表性安全产品和服务

　　海康威视自成立以来，始终致力于安防行业的发展，目前已形成软硬融合、云边融合的产品体系。利用 HEOP 嵌入式开放平台（海康合溥），使海康威视所有类型的智能物联网设备具有相同的软件基础，大幅提升开发效率。在硬件产品家族方面，海康威视已形成"节点全面感知+域端场景智能+中心智能存算"的硬件产品架构。在软件产品家族方面，海康威视软件产品家族包括软件平台、智能算法、数据模型和业务服务四个部分。

　　在安全应急产业领域，海康威视从场景出发定义产品，提供整体预防和处置突发事件的能力。面向危化品、烟花爆竹、非煤矿山、尾矿库以及各类小微企业的安全生产风险，提供数据接入、数据分析、智能预警、分级推送、信息备查等应用，切实解决用户监管痛点，构建高效的安全生产监测预警体系。其产品贴近用户需求，着眼于结构、成像、智能、运维、安全等实战角度，充分融合工程思考与科技智慧，做更懂场景、更尊重实践的产品。其中代表性安全产品如下。

一、防爆产品：应用场景不断拓展

　　海康威视由传统厂用防爆拓展到矿用防爆，应用场景由石油石化拓展到煤矿井下，完善产品体系，适配复杂、多场景业务应用需求，打造场景化产品方案。如针对煤矿井下易爆、昏暗、环境恶劣等问题，海康威视推出矿用本安自清洁摄像机，具备本安防爆等级，可实现井下超清全彩成像，搭载空气过滤技术及自清洁系统，有效清除煤尘灰渣等附着物，保持镜头洁净，画面清晰，守护矿山安全生产，助力智慧矿山建设。

防爆产品应用场景如图 21-2 所示。

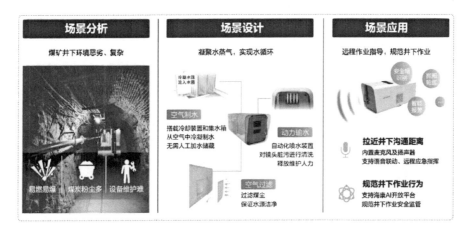

图 21-2　防爆产品应用场景
（资料来源：海康威视 2022 年年报，2023.04）

二、智慧消防：助力消防物联网建设、可视化管理和数字化转型

消防产业持续变革，智慧消防市场日趋完善，海康消防提供全系列智慧消防产品、打造单位级、行业级和城市级消防物联网运营管理平台软件，适配 N 场景 N 行业。公司根据行业特点，已形成镇街区县、金融服务、文物古建、教育行业、智慧建筑、工商企业、能源冶金、养老服务、商业连锁、新能源等多个行业消防物联网解决方案。

海康消防智慧消防产品和运营管理平台软件，通过多维感知、安消融合、系统协同、数据共享和服务集成，切实做到火灾早预警、早防控、早处置，降低消防安全风险，提高消防管理效率。同时，传统消防产品体系不断延伸，全面覆盖通用消防市场，产品涵盖早期预警、火灾报警、应急疏散、自动灭火四个板块的九个主要系统。

双波段火灾烟雾探测技术突破。围绕消防场景中烟感误报多，运维成本高的痛点，海康消防将双波段光电感烟技术以及 AI 智能算法应用于新一代独立式光电感烟火灾探测器，利用不同波长对烟雾、水汽、灰尘、油烟等不同粒径颗粒物的反射和散射特性，针对大量的实验和现场数据进行算法训练，在保证烟雾火灾探测的准确性和及时性的同时，大幅度降低水汽、灰尘和油烟误报，提高报警可靠性。同时该系列产品还具备温湿度检测、网络信号诊断、红外消音以及低功耗运行等优势，降低现场运维的成本。

多光谱火灾融合检测技术实现。围绕消防场景火灾极早期探测和报警需求，海康消防不断丰富和拓展多光谱感知维度，2022 年发布了全新多光谱火灾探测器，该产品融合视频图像、多波段红外火焰探测和热成像感温技术，分别通过对火焰和烟雾的图像识别、光谱分析以及非接触式的温度检测，对火情特性进行综合检测并且进行预警和报警，提升探测报警的精准度，以及复杂场景适用性。该产品已经通过相关的技术鉴定和消防认证，适用于大空间、室外、重点场所的防火应用。

智慧消防产品如图 21-3 所示。

图 21-3　智慧消防产品
（资料来源：海康威视 2022 年年报，2023.04）

三、海康汽车电子：视频传感器结合雷达、AI、感知数据分析与处理等技术提供车辆安全和智能化产品

以视频传感器为核心，结合雷达、AI、感知数据分析与处理等技术提供车辆安全和智能化产品。海康汽车电子成立于 2016 年 7 月，以视频传感器为核心，结合雷达、AI、感知数据分析与处理等技术提供车辆安全和智能化产品。2018 年 2 月，公司上线高级驾驶辅助系统、自动泊车 APA+，同年又成功打入 2019 款保时捷卡宴；2020 年，公司前期的技术积累陆续进入落地期，正式量产了基于视觉和超声波雷达融合的全自动泊车产品。

四、萤石网络：国内智能家用摄像头龙头

萤石网络是智能家居服务商及物联网云平台提供商。公司自成立以来，致力于挖掘视觉技术的应用价值，始终坚持将视觉技术作为产品的核心特色，围绕视觉能力打造其智能家居产品的差异化优势。萤石网络构建"1+4+N"智能家居生态，以安全为核心，以萤石云为中心，搭载包括智能家居摄像机、智能入户、智能控制、智能服务机器人在内的四大自研硬件，开发接入环境控制、智能影音等子系统生态。面向智能家居场景下的消费者用户，公司坚持以视觉交互形式的智能家居产品为基础，通过多元化的增值服务和开放式 AI 算法切实赋能用户的智慧生活；面向行业客户，公司聚焦于自身擅长的视觉技术，依托萤石物联云平台，通过开放平台帮助客户推进智能化转型，协助客户开发面向复杂场景的解决方案。

第三节　企业发展战略

一、由点到面技术升级，软硬结合

在硬件产品方面，全面智能化，抢抓单点技术红利。作为公司的业务强项，网络化、智能化技术带来了产品价值提升，公司从节点全面感知、域端场景智能、中心智能存算入手，实现了硬件产品整体智能化。

在软件配套方面，公司软件产品家族包括软件平台、智能算法、数据模型和业务服务四个部分。基于物信融合数据资源平台提供的大数据采集、治理、分析和服务能力，积累行业业务数据模型，基于模型仓库进行管理，并可在其他同类应用场景进行复制应用和优化。

二、客户群整合优化，解决差异化痛点

由于客户分散，场景零碎，公司在 2018 年进行业务架构重组，整合资源，将国内业务分为公共服务事业群（PBG）、企事业事业群（EBG）、中小企业事业群（SMBG）三个业务群。通过事业群整合，针对不同客户的特点进行业务发展，同时客户解决方案的数据池积累效率高，使得know-how 的经验累积有逻辑可循，最终有效针对客户痛点提出解决方案。

三、加强规模优势，降本增效显著

传统安防产品护城河是建立在规模化生产的难度上，而维持护城河的就是各个品类的庞大销量。销售规模越大，规模化生产的难度就会越低，从而成本就会更低，就可以留出更多的利润空间进行渠道铺设、生产研发，所以领头企业的竞争优势就会越发明显。此外，海康通过大部分自产减少外协加工以及多年建立的销售渠道，其传统硬件产品规模优势明显，相比排名第二位的大华亦体现出优势。

四、发展前置抢先机，创新业务多点开花

海康威视的业务发展不断带来新的技术沉淀，以视频技术为基础的萤石网络、海康机器人、海康汽车电子、海康智慧存储、海康微影、海康消防等新业务渐次打开局面，创新业务正在成为公司增长的重要驱动力。

第二十二章

徐工集团

第一节　企业概况

一、企业总体情况

徐工机械是徐工集团核心成员企业，既是国企改革"双百企业"，也是江苏省首批混合所有制改革试点企业。作为我国工程机械行业规模宏大、产品品种与系列齐全、极具竞争力、影响力和国家战略地位的千亿级企业，在全球行业排名第三，在中国机械工业百强中排名第四，在世界品牌500强中排名第395位，是中国装备制造业的一张响亮名片。公司前身是八路军鲁南第八兵工厂，创立于1943年，是中国工程机械产业的奠基者和开创者，引领行业开启国际化先河，为全球重大工程建设不断贡献力量。徐工机械的产品包括土方机械、起重机械、桩工机械、混凝土机械和路面机械等五大支柱产业，以及矿业机械、高空作业平台、环境产业、农业机械、港口机械、救援保障装备等战略新产业。该公司下属60余家主机、贸易服务和新业态企业。

二、财年收入

尽管目前国内工程机械行业处于调整期，但"新徐工"表现出了优异的业绩。根据年报数据，2022年徐工机械的营业收入达到938亿元，实现净利润43.07亿元。在这个行业调整期中，公司表现出了强大的韧性，其营业收入和净利润均排名国内行业第一。此外，公司的净资产收益率达到了 8.13%，在国内工程机械行业几大巨头中拔得头筹。

徐州工程机械集团有限公司 2018—2022 年财务情况见表 22-1。

表 22-1　徐州工程机械集团有限公司 2018—2022 年财务情况

财　年	营业收入情况		净利润情况	
	营业收入/亿元	增长率/%	净利润/亿元	增长率/%
2018	444	52.6	20.05	96.6
2019	592	33.33	36.2	80.55
2020	740	25	37.3	3.04
2021	843	13.92	56.15	50.54
2022	938	11.27	43.07	-23.29

数据来源：赛迪智库整理，2023.05。

第二节　代表性安全产品和服务

一、主营业务

公司从事工程机械行业，该行业在制造业领域占有至关重要的地位，并且是我国在国际竞争中具有优势的行业。据中国工程机械工业协会的数据，工程机械包括铲土运输机械、挖掘机械、起重机械、工业车辆、路面施工与养护机械等二十一大类。公司的产品包括汽车起重机、随车起重机、压路机等 13 类主机，在国内行业中排名第一；起重机械、移动式起重机、水平定向钻则在全球排名第一，塔式起重机全球排名第二，道路机械和随车起重机全球排名第三，桩工机械和混凝土机械稳居全球第一阵营，装载机国内行业排名第一，挖掘机全球排名第四，高空作业平台和矿山露天挖运设备全球排名第五。

工程机械行业目前呈现高度成熟和激烈的竞争态势，具有以下特点。第一，行业集中度不断提高，龙头企业的市场份额进一步扩大，竞争实力和抗风险能力增强，形成强者恒强的局面。第二，龙头企业积极扩展产品线，实现产品多元化，以满足大型工程对全系列产品的需求。第三，信息化、智能化、数字化、轻量化和电动化等成为行业未来发展的主要趋势。第四，行业和企业的国际化进程正在稳步推进，不断创新国际化发展模式，并进一步完善全球产业布局。第五，公司利用完善的产业链布局、深厚的技术积累以及先进的制造工艺，持续提高其产品的可靠性和耐久性。

二、重点技术和产品介绍

通过多次抢险救灾和应急演练，徐工不断改进和技术创新，积累了国内工程机械通用类救援装备研发制造经验最丰富、产品线最完备的经验。公司致力于打造一批具有国际先进水平、系列化、成套化和智能化的应急救援装备，包括消防装备、高空作业机械、除冰雪机械、步履式挖掘机和多功能排障车等专业应急救援装备。同时，徐工还在培育和发展专业应急救援装备产业。

徐工机械应急救援相关产品见表 22-2。

表 22-2　徐工机械应急救援相关产品

产 品 名 称	产 品 介 绍
多功能应急救援消防车	徐工的多功能应急救援消防车是世界上第一台高机动性、多功能性的车辆。该车辆采用全桥驱动和全轮转向技术，可以实现挖掘、破除、抓取、剪切、吊装、平地清障、拖曳和高速越野等多种功能。该车还采用了徐工独创的双回转机具快换系统，可以快速切换机具，解决了普通救援车辆功能单一、机动性差和通过性差的问题。该车可以用于各种自然灾害后的塌方疏通、障碍物清理等紧急救援任务
ET200型步履式挖掘机	徐工自主研发的全地形、多用途特种挖掘机械，具有适用于高原、平原等各种地形的能力，采用轮履复合式的底盘结构，可在普通工程机械无法到达的高寒、高原、山地、林地、沼泽、沟壑等恶劣环境中进行工程作业。此外，该机械也适用于市政工程、水利工程等施工项目中一般设备难以胜任的工况
森林消防机器人	这是一款专为危险作业领域设计的机器设备，该设备最快可达到 5 公里每小时的快速作业速度，燃油箱容量为 200 升，可以连续工作 10 小时以上。此外，该设备还可以通过选装不同的功能模块，用于工程抢险救灾、市政道路除雪和森林草原防火等领域

续表

产 品 名 称	产 品 介 绍
RXR-M70L-15 消防灭火机器人	举升高度可达 15 米，同时具备 200 米的整车无线遥控功能、火场监控功能、视频传输功能、360°全景影像功能和超声波避障功能。整车具备高温防护功能，可以近距离接近火源进行定点救援。此外，整车还能够在行进中进行举高灭火作业，边行驶边打水，上车可回转，能够实现 360°全覆盖无死角的灭火作业。特别适合于在道路拥挤等老旧小区火灾、石化火灾、特高压变电站火灾等场景进行救援，解决救援人员无法近距离施救的问题

数据来源：赛迪智库整理，2023.05。

第三节 企业发展战略

一、保持行业创先行

徐工机械是全球工程建设和可持续发展解决方案的提供者，致力于技术创新和国际化。该公司的行业领先技术创新能力是其核心竞争力之一。公司在 2022 年的研发投入高达 57.50 亿元，较上年的 54.18 亿元增长 6.13%。这也使得研发投入占营业收入比例从上年的 4.64%大幅提高至 6.13%。截至 2022 年年底，该公司的研发人员数量达到了 5767 人，比上年增长 14.97%。新增的研发人员主要是硕士和博士，而研发人员占在职员工的比例也从上年的 19.84%提升至 21.00%，上升了 1.16 个百分点。截至 2022 年年底，徐工机械所持有的有效授权专利总数为 9742件，其中包括 2458 件发明专利和 183 件国际专利。

近年来，徐工机械通过自主创新研制的一系列重大装备成为中国高端制造的引领者。其中标志性的产品包括：全球最大起重能力的 XGC88000 履带起重机、XGT15000-600S 塔式起重机、XCA2600 全地面起重机、全球最大载重量的 DE400 电传动自卸车、全球最大吨位的 XR1200E 旋挖钻机、XZ13600 水平定向钻机、全球第一高度的 JP80 举高喷射消防车、中国最大吨位的 XE7000 液压挖掘机、XC9350 电传动轮式装载机、填补国际空白的 ET200 型步履式挖掘机，以及填补国内空白的 XTC80/85 型双轮铣槽机等。徐工机械还坚定不移地推动高水平科技自主创新，例如研发项目"系列高性能液压凿岩机关键技术研究及产业化"，旨在突破西方国家对高性能凿岩机技术的限制。该项目已成功开发出一款液压凿岩机。

二、争做国际拓疆者

徐工机械在国际化方面一直保持坚定不移的态度。工程机械行业的总体需求量和固定资产投资额密切相关，由于受宏观经济周期性变化的影响，具有一定的周期性。然而，从国际市场的角度来看，不同地区的经济景气度存在差异，工程机械行业呈现出较弱的周期性。因此，国际化一直是徐工机械坚定不移的战略重点。2022 年，徐工机械的营业收入达到 938 亿元，其中国际化收入为 278.38 亿元，比上年同期增长 50.5%；出口收入为 216.3 亿元，同比增长 70.5%。境外收入为 278.38 亿元，占徐工机械营业收入的比重达 29.68%，相较于上年的 15.84% 翻了近乎一倍。事实上，徐工机械的境外业务不仅增长迅速，而且毛利率也提高了 0.64 个百分点至 22.33%，高于境内业务 19.32% 的毛利率。根据年报数据，徐工机械在 2022 年将出口国家和地区拓展到了 191 个，出口占有率提高了 2.42 个百分点。在八个大区中，所有区域都得到全面增长，其中亚太区、中亚区、美洲区、非洲区、欧洲区、大洋洲区、西亚北非区和南美区分别增长 60.2%、68.82%、35.97%、195.11%、217.94%、19.10%、27.19%、99.29%。公司产品在高端市场得到了认可，在美洲区和欧洲区的增长尤为明显。

三、标准融合齐推进

徐工机械正在致力于推进国家安全应急救援装备标准体系的建设，同时继续秉承"技术领先、用不毁、做成工艺品"的产品理念，依靠国内外一流的协同研发体系，攻克关键核心技术。公司还围绕应急救援装备标准的系统性、广泛性和规范性展开研究，通过提升产品标准，发挥标准的支撑与引领作用，加强科研成果的标准转化与应用。另一方面，公司也在深化两化融合，致力于打造具有徐工特色的智慧应急救援平台。该平台将充分利用物联网、大数据等信息技术，推进救援装备和指挥平台的融合与协同，实现对灾害地理信息、作战工况的实时掌握及精准指挥，同时对应急救援装备全生命周期的状态监控及产品信息大数据管理，还建立基于虚拟现实技术的综合模拟训练系统。

第二十三章

北京千方科技股份有限公司

第一节　企业概况

一、企业总体情况

作为自主创业企业的佼佼者之一，北京千方科技股份有限公司（简称"千方科技"）始创于 2000 年，并于 2014 年成功上市。千方科技是交通新基建、数字交通和低碳交通的践行者和推动者，拥有丰富的交通数据应用经验，运用人工智能赋能交通行业，满足交通出行智能化需求，提供保障数字交通安全高效运行的神经中枢解决方案。同时，千方科技也在物联领域积极开拓，深耕视图物联和视觉智能领域，提升产品能力，不仅完善交通行业解决方案，形成"云-边-端"完整链条，而且不断向其他行业和海外领域进行开拓，使 AIoT 产品和方案落地千行百业场景，为客户创造价值。2022 年，千方科技凭借在智慧交通、智能物联等领域的技术创新实力和丰富的行业实践成果，荣登中国企业家博鳌论坛"2022 新型实体企业 100 强"榜单。

千方科技以助力交通行业数字化、智能化转型为使命，依托自身在交通全业务领域覆盖、云边端全栈式技术、全要素数据及全生命周期服务等方面的核心优势，提供全域交通数字化解决方案，为交通行业客户创造价值。公司现有业务涵盖智慧交运、智慧交管、智慧高速、智慧路网、智慧民航、智慧轨交、智慧停车、智能网联等核心领域，可为客户提供从产品到解决方案、从硬件基础设施到软件智慧中枢、从云端数据到出行生态的完整服务。截至 2022 年年底，公司累计成功交付大中型智慧交通项目逾 6000 个、人工智能项目逾 1400 个。千方科技深耕智能物联领域，是全球第四的 AIoT（人工智能物联网）产品、解决方案与全栈式能力提供商，以全景、数智、物联产品技术为核心，不断加大 AI 等创新技术研发投入，持续丰富 AIoT 产品线，深化全球化战略布局，赋能政府客户的数字化治理、企业客户的数字化转型及个人消费者的智慧化生活。

二、财年收入

北京千方科技股份有限公司近年财务情况见表 23-1。

表 23-1　北京千方科技股份有限公司近年财务情况

财　　年	营业收入情况		净利润情况	
	营业收入/亿元	增长率/%	净利润/亿元	增长率/%
2020	94.78	8.66	10.71	5.65
2021	102.81	8.47	7.24	−32.40
2022	70.03	−31.88	−4.83	−166.71

数据来源：北京千方科技股份有限公司年度报告，2022.04。

第二节　代表性安全产品和服务

一、智慧交通业务

公司智慧交通业务主要包括智慧公路、智慧交管、智慧运输、智能网联、智慧轨交、智慧民航等领域，覆盖了大交通行业的主要方面，在数据应用、算法和硬件产品等方面具备综合领先优势，并借此构建了一个多要素互相强化的一站式技术服务体系，为客户提供从产品到解决方案、从硬件基础设施到软件智慧中枢、从云端数据到出行生态的完整服务，同时针对交通子行业的不同场景，构建了智慧路网云、智慧交管云、智慧运输云、智慧轨交云、智慧民航云、智慧停车云等多个子行业云，为客户提供包括行业应用、数据服务等多种形式的交通领域云服务。

其中，代表性安全领域解决方案主要是交通安全事故预防治理解决方案，该方案集充分发挥"大数据+交通工程"的综合治理理念，融合千方科技独有的重货定位数据和全国公路路网数据，构建大数据条件下的交通安全治理业务智库，围绕"人-车-路-环境-企业"为安全责任主体进行全要素安全评价指标体系构建，运用大数据和机器学习算法进行安全事故成因分析、评价和治理，为交通安全的精准预警防控提供科学的决策依据和技术手段，催化数据赋能、整体智治，实现管理向治理的提升，最终实现服务于城市道路、农村道路、高速公路的交通安全事故预防和减量控大。该解决方案在杭州瓜沥镇农村道路安全综合治理项目、陕西榆林市重货安全监管项目、苏州重货安全研判项目上实现快速复制和推广。

二、智能物联业务

公司依靠自身在智能物联产品、大数据平台、视频 AI 和业务知识的能力优势，沿着"双智"融合发展的战略方向，为城市管理与治理、城市公共服务行业的客户提供智慧城市新基建的产品供应与服务。

公司智能物联全系产品遵循可视智慧物联架构，包括物联-边端感知、智慧-云计算和可视-显控及会议三大体系产品。

在视频-边端物联产品族中，核心是摄像机产品，基于智能物联前端环境感知与信息提取，布局了固定摄像机、高速球机、热成像相机等产品体系。雷视产品以 AIoT 相关技术为基础，以雷达技术与视频技术融合为核心，通过雷视融合产品与解决方案，服务于智慧交管、车路协同、智能安防、数字家庭、数字办公、数字新零售等领域，为各行各业数字化转型提供服务。多款新产品包括室内人存检测雷达、人体监测雷达、350 米雷视抓拍取证一体机、安全预警一体机、雷视微卡口和周界雷视声光警戒柱等，为平安城市、智慧社区、数字办公等多场景应用拓展提供标准解决方案。

在智慧-云计算产品族中，涉及的安全产品主要专注在视频安全领域，目前已经获得国家信息安全中心、公安部检测机构等权威机构认证以及超过 3050 多项安全创新专利，并首批获得 GB35114 证书。

在 SaaS（业务软件）产品族中，以集成化、可视化、用户化为目标，依托于全域汇聚、时空调度、流程调度及业务深度定制能力，打造数字孪生平台、视频融合赋能平台、数字化营销平台、安防集成平台、视图综合应用平台 5 大业务应用平台，实现贴合场景的各类数据联动和业务闭环。同时提供需求分析、设计开发、实施交付的全流程保障服务，服务于园区、医疗、高校、机场、高速等各类行业场景。

第三节　企业发展战略

一、建立多种业务经营模式

在产品销售方面，采用研发+生产+销售的经营模式，公司在收到市场需求后进行分析，根据销售或客户预测及研发投入做出产品开发决策，并根据市场反馈情况对已有产品进行优化改进，之后进行量产和向客户直接销售。公司旗下智慧交通板块及智能物联板块的软硬件销售、通过共同控制实体进行的汽车电子业务都采用该业务模式进行经营。在行业解决方案方面，采用咨询/设计+研发+交付的经营模式，公司对客户需求进行前期的深入调研和问题分析，然后出具专业、精准的解决方案，并集合自身的算法能力、数据能力、平台能力、应用软件、端侧硬件以及外协部分产品和能力，为客户进行一体化解决方案交付，提供从需求提交、方案咨询、勘测设计、产品研发、生产、销售到交付、售后、运维的全流程全生命周期服务。在运营类业务方面，公司自身或联合当地基础设施拥有者以合资合作模式，借助公司自主研发的静态交通云平台、交通信号优化管理云平台、基于物联感知的城市交通基础设施运营平台等，提供针对各类新型融合型城市基础设施的运营服务，定期直接向 B 端客户或者交通设施拥有者收取运营费用，间接向 C 端用户收取费用，即为 S2B2C 模式。

二、开发前瞻性研发体系

公司一贯重视技术创新对企业发展的重要意义，公司多年坚持技术创新及研发投入力度，在北京、杭州、天津、武汉、济南、西安、成都、重庆、兰州、郑州、广州、深圳等十余个城市形成了"三院五所八中心"、明确分工而又互相支撑和备份的完整研发体系，技术人员占总员工比一直保持在 50%左右，被认定为国家高新技术企业、国家技术创新示范企业、国家企业技术中心、国家 CNAS 认可实验室、交通运输部"智能交通技术和设备"行业研发中心和公安部"物联网应用技术"重点实验室。多年来在多项关键技术能力上取得持续突破，专利、软件著作权、重大专项课题等研发成果显著。公司基于集成产品开发模式（IPD），在算法、数据、操作系统等方面形成持续迭代的领先闭环，在交通、物联、人工智能、边侧智能、车联网前装硬件等板块不断推出性能优越、引领行业的新产品及解决方案。2022 年，千方科技持续在人工智能、智能网联等领域保持高研发投入，尤其关注人工智能侧 AIGC 与大模型在智慧交通和智能物联领域的应用研究，2022 年研发投入占总营收的 15.86%。至 2022 年 12 月 31 日，千方科技累计获得国家及省级科技类（未包含品牌荣誉类）奖项 30 项，承担了国家和省部级重大专项 59 项，累计申请专利 4269 项，其中发明专利 3264 项，拥有软件著作权 1602 项。

三、具有完备的供应链支撑和先进的柔性制造体系

千方科技的供应链保障主要体现在智能物联板块和汽车电子板块，在面对外部环境的不确定性与流量产品快速上量的形势下，供应链组织通过数智化变革，有效提升组织运营效率，保障客户项目的及时交付，提升组织运营利润，体现了公司供应链体系的韧性和强度以及数智化变革成效。千方科技全面打造智能化生产基地，以独有的"齐套拉式生产管理体系"，打造敏捷柔性化生产能力。在质量管理体系上，千方科技自建 SFC/MES 生产管理系统，构建全栈式物料追溯体系，实现从原材料供应到成品交付全链条的追溯保障，质量管理体系水准处于行业领先水平。在物流仓储上，公司设立两大国内区域物流中心（北京、新疆），两大海外物流区域中心（美国、荷兰），通过 WMS、DMS、ERP 等系统，建立快、准、成本最优的库存管理体系，实现全流程智能化管理，运营成本处于行业领先水平。自主运营的物流公众号，集成公司内外物流信息，实现内外部统一物流查询可视化，与客户及时共享到货信息。

第二十四章

北京辰安科技股份有限公司

第一节　企业概况

一、企业总体情况

北京辰安科技股份有限公司（简称"辰安科技"）注册于 2005 年 11 月，参保人数 647 人。辰安科技原为一家由清华大学公共安全研究院等创建的科技成果转化单位，于 2016 年 7 月在深圳证券交易所上市，股票代码为 300523。经过多次股权交易，2020 年 11 月中国电信正式入股，目前辰安科技由中国电信集团投资有限公司和轩辕集团实业开发有限责任公司主要控股，持股比例分别为 18.68% 和 12.05%。公司主要从事公共安全相关的安全应急平台软件、安全应急平台装备、安防设备、移动终端、音响设备及建筑智能化系统的研发、制造、销售及相关服务。

辰安科技致力于清华大学公共安全研究院研究成果的产业化应用，以公共安全和安全应急技术为核心竞争力，建立了基于清华大学公共安全学科的产学研合作体系，形成了丰富的公共安全科技内涵，依托项目主动促进地方安全应急产业链建立。辰安科技充分发挥清华大学师资优势和生源优势以提升企业自主创新和盈利能力，在公共安全应急平台等核心领域，辰安科技自主研发的核心技术拥有完整的自主知识产权，取得了近百项软件著作权和国内外专利。在辰安科技创立之初，清华大学公共安全研究院曾承担了国家"十一五"科技重大支撑计划项目"国家应急平台体系关键技术研究与应用示范"项目，国家应急平台体系总体设计、编制的技术标准与规范作为成果获得了高层好评；2010 年，由清华大学主持、中国标准化研究院等单位共同完成的国家级项目"应急平台体系关键技术与装备研究"获得了"国家科学技术进步一等奖"。

辰安科技的主要产品和服务集中于公共安全应急保障平台和配套装备领域。其产品和服务具体包括城市安全综合应急保障平台、城市生命线工程，以及自然灾害、公共安全事件等突发事件的监测预警、应急指挥等环节所需的信息化指挥系统和单兵配备装备等。辰安科技在北京、合肥、武汉建有规模化的生产研发基地，专门进行现场视讯交流系统、个人移动应急终端、应急测控装置及附属飞艇、应急个人防护装具及通信设备、应急物联网、工业安全监测控制系统等设备、信息化系统及配套服务的研发和生产。辰安科技拥有部分海外业务，主要集中于非洲国家及少数东南亚国家，业务内容包括清洁能源、信息化公安系统项目等，该类项目体量大、实施周期长、回款周期长。

辰安科技为我国公共安全提供安全应急保障的历史悠久。清华大学公共安全研究院以辰安科技为抓手，为我国公共安全应急保障工作提供了极大支持。自 2005 年成立后，在公共安全研究院师生的共同努力下，辰安科技与清华大学共同完成了国家"十一五"科技重大支撑计划项目——"国家应急平台体系关键技术研究与应用示范"项目，项目成果为我国公共安全应急平台发展提供了标准与规范。在 2008 年汶川大地震时，辰安科技发挥应急指挥与通信技术装备方面的长处，派出救援小组携带设备赶赴灾区，为指挥部开展地震灾害应急指挥和救援工作提供了技术支持，有力支撑了应急救援及灾后重建工作。北京奥运会期间，辰安科技的安全应急指挥装备有力支援了安保工作，获得了国家和奥组委表彰。2010 年青海玉树地震期间，辰安科技作为国家应急平台的技术支持单位，为实现国务院和救灾现场的实时连线会议提供了技术支撑。2011 年后，辰安科技向股份制转变，在合肥、北京等地承接了多项地方政府项目，并在 2016 年于深交所上市。2019 年后，辰安科技将多数股份出售，企业股份构成经历了大幅变动，最终成为当前以中国电信为最大股东的股份结构模式，目前企业是中国电信集团下属的央企控股上市公司。

二、经营情况

北京辰安科技股份有限公司 2016 年以来的财务情况见表 4-1。

表 24-1　北京辰安科技股份有限公司 2016 年以来的财务情况

财　年	营业收入情况		净利润情况	
	营业收入/亿元	增长率/%	净利润/亿元	增长率/%
2016	5.48	32.6	0.92	0.23
2017	6.38	16.42	1.20	30.43
2018	10.3	61.44	1.78	48.33
2019	15.6	51.46	1.67	−6.18
2020	16.5	5.77	1.21	−27.54
2021	15.4	−6.67	−1.32	−209.09
2022	24.0	55.84	0.94	171.21

数据来源：赛迪智库安全所，2023.05。

辰安科技充分发挥清华大学公共安全研究院的业界顶端技术优势，将清华大学科研资源转化为安全应急保障能力和企业盈利能力，除疫情影响外，营业收入总体呈稳步增长态势。新冠疫情对辰安科技的经营情况打击较大，2020 年、2021 年营业收入增长率和净利润快速下降，2021年净亏损 1.32 亿元，对企业融资造成了极大影响。2022 年随着全球经济形势的好转和辰安科技高管人员的更换，企业经营情况大幅好转，回到了疫情前的增长态势，营业收入和利润有所增长，同时员工数量也和业务发展情况同步增加，企业克服了疫情带来的衰落情况，进入了再度增长态势。

在企业人员学历构成上，辰安科技高端人才占比逐年下滑，长期的科研创新能力堪忧。硕士、博士员工数量及占比连续多年下滑，其中博士学历员工占比由 2018 年的 3.7%连续下降至 2022 年的 1.7%，呈腰斩态势；硕士学历员工由 2020 年的 18.71%连续下降至 2022 年的 16.31%，人员总数也在下降；2022 年本科学历员工占比则为近年最高，达68.52%。辰安科技高端人才占比逐年减少，但盈利能力出现了短期增加。员工学历情况变化表明，辰安科技降低成本需求较高，且认为相关市场成熟度有所上升，在成熟的产品模式下，不需要过多高端人才也能实现创新工作。总体来讲，在高端人才占比快速降低的情况下，企业未来创新能力有待观望。在国务院国资委的领导下，辰安科技也有望从最初的开拓型、科研型企业，转变为能够为地方政府提供低成本、高质量安全应急平台服务的服务型企业。

第二节　代表性安全产品及服务

辰安科技以前的主要产品为各类公共安全应急响应平台及配套的单兵产品，辰安科技依托院士团队强大的社会影响力和对应的研发实力，开拓国内外市场。随着辰安科技企业经营需求的变化和发展需求的调整，辰安科技的主营构成和经营范围也在变化。2021 年，辰安科技将原有的产品进行了重新分类，保留了消防安全平台及其配套产品类别，将应急平台软件及配套产品、技术服务、建筑工程收入、应急平台装备产品等各类产品吸收、整理为城市安全、应急管理、安全教育及国际业务等多个种类。2023 年 3 月，企业注册变更了经营范围，增加了安防设备制造与销售、移动终端设备制造与销售、智能家庭消费设备制造与销售、音响设备制造与销售、数字技术服务、网络技术服务、工业互联网数据服务、物联网技术服务、智能控制系统集成及建筑智能化系统设计等多种经营范围，企业服务型制造转型趋势明显。在各类产品占比上，2022 年度应急管理业务、国际业务和安全教育占比均大幅下降，其中应急管理业务占比由 2021 年的 32.72%下降至 13.89%，国际业务占比由 23.10%下降至 5.8%，安全教育占比由 1.13%下降至 0.52%；消防安全平台及其配套产品领域有所上升，由 29.34%上升至 37.75%；城市安全领域上升幅度最大，由 13.56%上升至 41.89%，一跃成为辰安科技的主要收入来源。

城市安全领域作为辰安科技近年来的新业务增长点，主要以城市智慧安全为主题，开展平台化服务业务。在城市安全领域，辰安科技以提升城市本质安全水平、增强城市监测预警能力和应急响应效能为目标，针对城市内涝、燃气爆炸、路面坍塌、桥梁垮塌、电梯安全、轨道交通及大面积停水停气等重大城市安全议题，充分结合大数据、云计算、物联网等新一代信息技术，结合 BIM/GIS 进行建模分析，面对基层政府安全应急服务需求开展服务业务，以实现全域监测、早期预警和高效应对，全面提高城市安全应急信息化响应能力和研判水平，从而扑灭重特大安全事故苗头，增强城市安全水平。在城市安全领域，辰安科技的主要产品以城市安全运行监测中心为核心，借助智慧安全城市（城市大脑）和城市综合风险评估提升城市信息化研判能力，发挥地下管网安全监管系统、城市生命线安全运行监测系统的统一监控、指挥作用，针对桥梁交通安全、燃气安全、供水安全、排水安全及其他城市安全议题建立子系统，从而形成一体化、多功能的城市安全信息化管理方案。

第三节　企业发展战略

　　辰安科技以科技创新为主要发展战略。在人才方面，辰安科技主动吸引高端人才以保持核心竞争力。辰安科技对高端人才采取精简员额、提升待遇的手段，力图通过筛选高端人才，发挥高端人才在科技创新中的中坚骨干作用。辰安科技要求企业内的各类人才不断发挥业务能力与创新能力，通过引进、巩固人才引进、培训培养、职称提升、技术创新奖励等标准化人才管理体制机制，助力落实辰安科技岗位公约机制与员工绩效承诺管理，主动精简、筛选人才，在提升人才待遇的基础上，以提升股东盈利水平、激发企业发展活力为目标，形成了一整套人才发展战略。

　　辰安科技以四大方向为基准开展科技创新。辰安科技以公共安全和服务政府为核心业务，将公共安全关键技术研究、新业务解决方案、新技术研究、软件产品这四大方向作为公司业务的主要组成和科技创新的主要方向。在公共安全领域，辰安科技对自然灾害、事故灾难模型工程化研究具有丰富积累，在实际应用中取得了良好成效；在新业务解决方案方向，辰安科技围绕"两云、两中心、一基地"建设，在城市安全领域不断创新发展，着力推动新产品落地；在新技术研究领域，辰安科技力图加入人工智能、虚拟现实产业发展浪潮，其模拟算法在社会安全、自然灾害等领域实现了一定应用；软件产品则是辰安科技的主要产品形式和发展方向之一，其各型应急平台已在应急指挥与应急救援领域形成了较为成熟的产品体系。

第二十五章

重庆梅安森科技股份有限公司

第一节　企业概况

一、企业总体情况

重庆梅安森科技股份有限公司（简称"梅安森"）成立于 2003 年 5 月 21 日，注册资本 1.68 亿元，2011 年 11 月在深圳证券交易所上市，总部位于重庆市。梅安森是一家"物联网＋"领域的国家火炬计划重点高新技术企业，专业从事安全监测监控预警成套技术与装备的设计、研发、生产、营销及运维服务。梅安森在物联网、智能感知、大数据分析等方面积累了技术优势，在同一技术链上打造多元化产业链，经过多年的专注发展，已经成为"物联网+安全应急、矿山、城市管理、环保"领域的整体解决方案提供商和运维服务商。经过近二十年的发展，梅安森目前已拥有 10 家子公司，400 余名员工，180 多名研发和工程技术人员。梅安森坚持以科技引领企业发展，致力于打造科技型企业，科技创新能力、品牌知名度得到大幅提升。截至 2022 年年底，梅安森拥有软件著作权 296 项，有效专利授权共 86 项，其中 28 项为发明专利，5 项为实用新型专利、3 项外观设计专利，拥有 204 个安标产品认证。2023 年 4 月，梅安森被评为 2022 年国家知识产权优势企业。

梅安森专注安全领域十余年，致力于促进安全监测监控技术和产品的创新及实践应用，利用自身在物联网大数据方面的优势，打造多元化产业，业务范围已从最初的矿山安全领域，逐步拓展到城市管网和环保领域。梅安森致力于"大安全、大环保",公司主要业务围绕矿山、管网和环保三大方向,打造安全服务与安全云、环保云大数据产业。2018年,梅安森被列入首批国家应急产业重点联系企业名单;2021 年 12 月参与了应急管理部信息研究院组织的智能化矿山数据融合共享规范工作启动及交流会议,经国家矿山安全监察局研究同意,参与《智能化矿山数据融合共享规范》的编制工作。

二、财年收入

2022 年,梅安森积极开拓市场,经营业绩实现较快增长,实现营业收入 3.76 亿元,同比增长 21.68%;公司净利润 0.37 亿元,同比增长27.59%,近三年公司财务情况见表 25-1。

表 25-1　重庆梅安森科技股份有限公司近三年财务情况

财　　年	营业收入情况		净利润情况	
	营业收入/亿元	同比增长率/%	净利润/亿元	同比增长率/%
2020	2.85	5.14	0.27	1.86
2021	3.09	8.42	0.29	7.41
2022	3.76	21.68	0.37	27.59

资料来源:重庆梅安森科技股份有限公司 2022 年年度报告,2023.05。

第二节　代表性安全产品和服务

梅安森专业从事物联网及安全领域成套技术与装备研发、设计、生产、运营及运维服务。利用在智能感知、物联网及大数据等方面的技术积累和优势,梅安森在矿上业务的基础上,拓展了环保业务和城市管理业务两个领域,产品涵盖物联网技术开发与应用、智能传感器、传输设备、智能控制设备、信息化平台及云服务平台等。

梅安森从事矿山业务 20 年,在矿用专用设备、专业子系统方面已拥有了一定的市场占有率和品牌影响力。目前,梅安森已形成涵盖信息基础设施、智能地质保障、智能主煤流运输、智能辅助运输、智能通风、智能供电与给排水、智能安全监控系统、智能洗选、智慧园区以及经营管理等全链条的智能化矿山建设产品体系，主要产品见表25-2。在宏观政策的推动下，梅安森积极响应煤炭企业需求，加快推进新一代信息技术与矿业开发技术深度融合，不断优化小安易联工业互联网操作系统，重点开展智慧矿山、综合自动化、精确定位等业务，2021年8月，通过收购华洋通信科技股份有限公司10%的股权与其形成紧密的合作关系，将其煤矿AI视频产品等优势产品整合到公司智慧矿山解决方案中，提升公司智慧矿山解决方案的竞争力。

表25-2　重庆梅安森科技股份有限公司矿山领域主要产品

序　号	产品大类	系统（产品）名称
1	传输通信网络	工业以太环网系统
2		F5G工业光网系统
3		KT654（5G）矿用无线通信系统
4		KT160（A）矿用无线通信系统（融合通信调度）
5	数据处理系统	物联网平台
6	应用软件	小安易联工业互联网操作系统
7		智能化综合管控平台
8		"三对口"信息化管理系统
9		视频AI分析系统
10	智能地质保障	智能地质保障系统
11	智能主煤流	智能主煤流系统
12	智能辅助运输	单轨吊智能辅助运输系统
13		图图约车系统
14	智能通风	智能通风系统
15		智能压风系统
16	智能抽采	智能瓦斯抽采系统
17	智能供电与给排水	智能供电系统
18		智能排水系统
19	智能安全监控	KJ73X煤矿安全监控系统
20		KJ1695金属非金属矿山监测监控系统
21		KJ1150J矿用井下人员精确定位系统

续表

序　号	产品大类	系统（产品）名称
22	智能安全监控	KJ169 煤矿瓦斯抽采监控系统
23		煤与瓦斯突出实时诊断系统
24		矿井火灾风险预警与防控系统
25		煤矿双重预防信息管理系统
26		设备故障诊断系统
27		KJ1409 煤矿图像监视与广播系统
28		单兵系统
29	智能洗选	洗煤厂精确人员定位系统
30		矿井废水处理系统
31		洗煤厂疾控系统
32	智慧园区与经营管理	智慧园区与经营管理系统

资料来源：重庆梅安森科技股份有限公司 2022 年年度报告，2023.05。

在环保业务领域，梅安森以多年来在物联网、监测监控、数据处理、大数据应用等方面的技术积累为基础，推动物联网技术与环保应用融合，从智慧环保和污水治理两个方面着手，主要产品包括：污染源在线监测、地表水水质在线监测（江、河、湖、库）、空气质量在线监测以及环境综合监控等相关业务平台（系统）软件、采集传输设备以及各类监测传感器等；面向美丽乡村、学校、高速公路、景区等分散式生活污水处理场合研发的智能一体化污水处理装置系列产品；为集团化、规模化污水处理装置（厂站）运营管理需求研发的水务运营管理信息平台，同时针对河道黑臭水体、矿井废水等行业提供以核心污水处理工艺技术包为基础的专业性解决方案及定制型污水处理系列产品。

在城市管理业务领域，梅安森顺应智慧城市发展趋势，针对城市治理能力和服务水平提升的应用需求开发了相关产品，积极参与城市生命线安全工程建设，覆盖燃气、桥梁、供排水、综合管理等重点安全领域，助力提升城市安全风险管控能力，公司针对城市治理能力和服务水平提升的应用需求开发了相关产品，在城市管理领域主要包括：隧道监测系统、城市地下管廊平台、智慧城市管理综合服务平台(含各业务子系统)、危险气体在线监测系统、桥梁边坡隧道结构安全监测预警系统、智能井盖系统、地下排污管在线监测、城市部件物联感知设备等。在应急管理领域主要包括：智慧应急管理平台、化工园区智慧应急/安监管理平台、化工企业安全生产监管信息系统、化工企业人员物资精确定位系统等。在综合管廊管线/铁公路隧道领域主要包括：综合管廊管理信息化平台、综合管廊环境监测产品、隧道监测系统等产品。

第三节　未来发展战略

梅安森坚持以物联网安全监测监控与预警技术、综合自动化、AI人工智能技术和成套安全保障系统为核心，坚持以传感器测量技术、大数据、数据分析、应急预警及处置的专业化发展思路，充分发挥作为物联网信息化公司的核心技术优势，通过全面提升技术和服务的水平与质量、内部资源整合和管理优化，以矿山、城市管理、环保等领域为重点，打造安全服务与安全云大数据产业。

一、以技术创新作为企业发展的驱动力

作为一家高新技术企业，技术创新是梅安森发展的驱动力和打造持续核心竞争力的重要组成部分。目前，梅安森已掌握专业化运行于矿山场景的智能传感器技术、智能分站技术、矿用电源技术、基于"4G+5G+wifi+有线"的融合通信技术、AI视频分析技术、5G及F5G高速网络传输技术、智能瓦斯抽采技术、智能辅助运输技术、智能通风技术、人员车辆设备精确定位技术、单基站实现二维精确定位技术、矿井废水处理技术、综合自动化技术、智能化矿山综合管控平台技术、大数据中台实施技术、矿井灾害预警分析技术等20余项核心关键技术；参与10个国家级项目研发、26个省部级项目研发、5个平台类项目研发，参与制定多项国家标准；拥有质量管理体系认证证书、职业健康安全管理体系认证证书、环境管理体系认证证书、信息安全管理体系认证证书、信息技术服务管理体系认证证书等资质，具备CMMI软件开发成熟度五级认证。2021年，梅安森被评为国家级专精特新"小巨人"企业，2022年成功入选煤炭行业信息技术企业20强。2022年，梅安森投入研发费用约3397.6万元，较上一年增长26.75%。

二、智能化矿山销售服务一体化的支撑

梅安森以"销售服务一体化与全过程技术支持"作为客户服务理念和营销理念。在智能化矿山方面，梅安森项目实施团队大部分核心人员拥有 10 年以上的矿山行业从业经验，对整个矿山体系的政策、技术、现场应用有深刻的理解，加上体系化的产品与一致性的操作体验，在业内拥有的快速交付的竞争优势。在销售服务一体化方面，为了及时响应客户需求，加强产品销售推广力度，深化与客户的合作关系，由"销售人员 + 售前技术支持工程师 + 售后工程交付运维工程师"构成区域营销管理的"铁三角"，为客户提供销售服务一体化与全过程技术支持"的客户服务。2021 年，梅安森被评为"全国煤炭行业职业技能竞赛实训基地"称号。

三、成熟的软硬件开发平台形成自主配套能力

梅安森从成立之初以物联网技术为核心，逐渐打造了具有自主知识产权的"传感器开发平台""分站开发平台""电源开发平台""小安易联工业互联网操作系统"等基础软硬件技术平台，形成了成熟的前端设备生产线，为各类型产品开发奠定坚实的基础并保障技术自主可控。通过技术平台的优势，保证了设计、安装、运维、日常管理和操作体验的统一性，并成功累积了大量的技术运营优势，大大提升了产品的易用性。

第二十六章

浙江正泰电器股份有限公司

第一节　企业概况

一、企业总体情况

浙江正泰电器股份有限公司（简称"浙江正泰"）成立于 1997 年 8 月，是正泰集团核心控股公司。公司专业从事配电电器、控制电器、终端电器、电源电器和电力电子等 100 多个系列、10000 多种规格的低压电器产品的研发、生产和销售。公司于 2010 年 1 月 21 日在上海证券交易所成功上市；2016 年，公司收购正泰新能源开发有限公司 100% 的股权，注入光伏发电资产及业务，积极布局智能电气、绿色能源、工控与自动化、智能家居以及孵化器等"4+1"产业板块，形成了集"发电、储电、输电、变电、配电、售电、用电"为一体的全产业链优势。业务遍及 140 多个国家和地区，全球员工超过 3 万名，年销售额超 800 亿元，连续 18 年上榜中国企业 500 强。旗下上市公司正泰电器为中国第一家以低压电器为主营业务的 A 股上市公司，位列亚洲上市公司 50 强。

公司顺应现代能源、智能制造和数字化技术融合发展大趋势，正泰以"一云两网"为发展战略，将"正泰云"作为智慧科技和数据应用的载体，实现企业对内与对外的数字化应用与服务；依托工业物联网（IIoT）构建正泰智能制造体系，践行电气行业智能化应用；依托能源物联网（EIoT）构建正泰智慧能源体系，开拓区域能源物联网模式。正泰集团凭借严格甚至可以说强硬的质量管控手段，为企业快速发展护航。在同行业内率先获得 ISO9001 质量体系认证证书、CCC 认证证书、中国工业大奖、首届中国质量提名奖和全国产品和服务质量诚信示范企业等诸多荣誉。同时，企业参与制修订行业标准 240 多项，获国内外各种认证 2000 多项、专利授权 4000 余项。

自上市以来，公司利用稳固的行业龙头地位、卓越的品牌优势、强大的技术创新能力及自身产业链升级等优势逐步实现向系统解决方案供应商的转型，公司还将进一步通过产业链的整体协同，把握行业发展契机和电改机遇，构建集"新能源发电、配电、售电、用电"于一体的区域微电网，实现商业模式转型；完善电力产业链各个环节，从单一的装备制造企业升级为集运营、管理、制造为一体的综合型电力企业。

二、财年收入

浙江正泰近年的财务情况见表 26-1。

表 26-1 浙江正泰近年的财务情况

财 年	营业收入情况		净利润情况	
	营业收入/亿元	同比增长率/%	净利润/亿元	同比增长率/%
2020	332	10.0	64.3	70.9
2021	389	17.2	34	-47.1
2022	460	18.3	60	76.5

数据来源：上市公司年度报告，2023.04。

第二节 代表性安全产品及服务

一、主营业务

公司主要从事配电电器、终端电器、控制电器、电源电器、电子电器、建筑电器和仪器仪表、自动化控制系统的研发、生产和销售；以及太阳能电池、组件的生产和销售、EPC 工程总包，电站开发、建设、运营、运维，和储能系统、BIPV、户用光伏的开发和建设等业务。

低压电器产品具有量大面广、品种繁多的特点，公司的营销策略采取渠道分销、行业直销、并与经销商协同拓展出"3PA""铁三角"等多种模式，随着公司"昆仑"系列的推出，成功实现中高端行业市场的升级突破。

低压电器行业是一个充分国际竞争、市场化程度较高的行业，形成了跨国公司与各国国内本土优势企业共存的竞争格局。作为根植于中国这一全球增长最为迅速的庞大低压电器市场的龙头企业，公司的营销网络优势、品牌优势、技术及管理优势有助于继续巩固领先地位，并持续受惠于行业的结构性变化，而公司的成本优势加之积极技术创新，有利于构筑开拓国际市场的后发优势。

光伏新能源作为一种可持续能源替代方式，经过几十年发展已经形成相对成熟且有竞争力的产业链。公司一直深耕光伏组件及电池片制造，光伏电站领域的投资、建设运营及电站运维等领域，并凭借丰富的项目开发、设计和建设经验，不断为客户提供光伏电站整体解决方案、工程总包、设备供应及运维服务。

公司自上市以来，利用稳固的行业龙头地位、卓越的品牌优势、强大的技术创新能力、自身产业链升级等优势逐步实现向系统解决方案供应商的转型，公司还将进一步通过产业链的整体协同，把握行业发展契机和电改机遇，构建"发、集、逆、变、配、送、控"于一体的系统产品全产业链布局，实现从单一的装备制造企业升级为集运营、管理、制造为一体的综合型电力企业。

二、重点技术和产品

配电电器产品主要包括：万能式断路器、塑料外壳式断路器、剩余电流动作断路器。

终端电器产品主要包括：小型断路器、剩余电流动作断路器、附件、电涌保护器、隔离开关、终端箱。

电动机控制与保护电器产品主要包括：交流接触器、直流接触器、热继电器、电动机启动器、电动机控制器、接触器式继电器、控制与保护开关电器。

工业自动化产品主要包括：变频器、软启动器、运动控制系统、人机接口 HMI、软启动器控制柜。

主令电器产品主要包括：按钮及信号灯、转换开关、倒顺开关、组合开关、行程开关、脚踏开关、微动开关。

继电器产品主要包括：小型电磁继电器、保护类继电器、时间继电器、计数器、累时器、时控开关、液位继电器、脉冲继电器、正反转控制继电器、磁保持继电器、固态继电器。

开关电器产品主要包括：自动转换开关、刀开关、隔离开关、户外隔离开关、负荷开关。

电源电器产品主要包括：模块化电能质量功率单元、变压器、电抗器、电流互感器、电压互感器、稳压器、不间断电源、变阻器、开关电源、熔断器、电容器、无功补偿控制器、就地补偿装置。

电工辅料产品主要包括：电缆金具、冷压端子、电气材料、信号灯、移动电缆盘、轴流风扇及温控附件。

焊接设备产品主要包括：交流弧焊机、直流弧焊机、自动半自动弧焊机。

第三节　企业发展战略

一、持续保持核心优势，提升整体竞争力

公司作为国内低压电器行业的龙头企业，核心优势体现如下：

渠道优势。公司拥有行业内最完善和健全的销售网络，形成以省会城市为核心县区级为辅助点的营销体系。这些销售网络的构建和与之配套的物流和服务能力的形成，是公司长期耕耘的结果。

行业拓展优势。公司组建并拥有电力与行业销售团队，以及行业解决方案与市场推广应用团队，深度聚焦行业市场拓展，深入推进技术营销，通过铁三角团队与全价值链营销等业务模式创新发展，目前行业大客户的开发已取得丰硕成果。

自主研发与创新优势。公司坚持自主研发与创新，持续加大科研投入。经过多年的深耕，数字化车间、自动化和信息化的融合能力、平台和软件的集成系统已成为公司柔性生产新模式，为行业提供智能制造系

统整体解决方案的同时，也进一步提升公司产品品质和品牌价值，引领低压电器行业进入智能制造新时代。

品牌优势。公司"正泰""诺雅克"在行业内具有显著的品牌效益，报告期内，昆仑系列新产品和系统解决方案持续深耕，实现了产品及服务的有效提升，进一步增强了公司的品牌竞争优势。

成本优势。公司对于成本的控制依托两大优势：一是规模效应，公司作为国内低压电器龙头企业，同类产品的营收领先于国内同行，由规模带来的边际效应，有效地降低了各项成本；二是精益化生产，公司全面实现精益化生产模式，改进现场工艺水平，提高公司生产物流管理效率，并运用先进的信息管理手段加以固化。同时，公司优化产品结构，降低公司的生产成本，使得公司的生产成本最终得到有效控制和降低。

二、蓝海领航，稳步提升渠道业务

低压电器具有应用广泛和终端客户多样性的特点，公司拥有完整且强大的经销网络，实现最大范围全覆盖成为该领域的核心要素。2022年，公司持续优化和迭代渠道业务，不断强化渠道护城河，目前在国内市场形成了以省会和工业城市为重点，地市级城市为主体，县级城市为辐射点的三级营销网络，拥有片区办事处 15 个，一级经销商 525 家，二级分销商 5000 余家，超 10 万家终端渠道，实现地市级覆盖率 96%以上，区县覆盖率 83%以上，构建了业内最健全、最深入的渠道网络，实现渠道网络全国覆盖。2021 年上半年，国内渠道业务实现营业收入 58.70亿元，同比增长 14.83%。为持续提升渠道优势，公司加强推进渠道生态升级工作，打造渠道命运共同体。一是开展"蓝海计划"，分步启动股份制合作区域，将核心经销商纳入公司的治理体系中，构建扁平化的渠道网络系统，通过数字化业务生态与"快响应、低成本"的物流体系赋能，再造渠道内生动力，截至本报告期末已覆盖 19 省份和自治区，共设立 24 家销售公司；二是渠道深度分销，横向扩大覆盖面，纵向加大覆盖深度，线上线下协同布局，线上商城+线下体验店助推产品向 C端拓展；三是塑造全价值链集成供应商，将低压元件与其他电气类产品整合陈列推广，向经销商提供一站式产品解决方案；四是发展综合服务型经销商，复制外资品牌过去在中国市场的发展路径，制定低压配电柜标准，以授权盘厂、驻厂监造等模式帮助经销商实现从分销网络到综合服务商的转型。2022 年，公司继续加大品牌推广力度，加快"正泰品牌馆""电气工业超市"等项目建设，提升公司品牌在终端市场的影响力与美誉度，利用品牌价值赋能渠道拓展。报告期公司新增品牌体验馆 5 家，工业超市旗舰店 9 家，行业峰会展示 5 场，展示公司品牌形象和技术成果的同时，赢得了客户的一致好评。

三、逆势而上，加速扩张海外业务

公司持续实施全球本土化战略，依托新加坡日光电气和 EGEMAC 合资的埃及成套厂为依托，构建全球区域物流仓库与本土化销售网络建设，并适时推出国际版蓝海计划，加速出海，推动国际本土化发展进入新阶段。一是成立智慧电力、石油化工、矿业、数据中心等 6 个行业拓展专项小组，加强资源整合与跨洲区业务协同，着力提高行业增量业务，成功突破西班牙 ALEDESA 400kV 变压器项目，首次进入欧洲主干网输配电业务，中标拉美哥伦比亚 EGP Cuayepo 500KV 变压器项目，借助沙特 ECB 项目成功交付，直接参与电力局 MCCB 项目投标，成功获得大额订单；二是注重新业务探讨与把握，实现比亚迪英国储能配套项目落地，开发韩国 LG 储能配套项目，并成功植入技术标准，实现长期稳定合作，同时密切关注传统工业客户绿色业务转移，瞄准英国石油公司充电桩配套业务，实现 B 型漏电产品成功配套。

四、精益求精，提升智能制造水平

公司锚定"数智化"建设，持续深化精益生产的创新应用，优化流程提高生产效率，实现快速响应市场需求的目标。一是打造"数字正泰"，公司以组织变革、流程再造（IPD、LTC）为抓手，以战略目标、市场业务需求，解决问题痛点和提高效率为导向，构建数字驱动的整体智治体系，不断提升创新链、产业链整体效能；二是持续提升智能制造水平，继续加大推进小型断路器、塑壳断路器、框架断路器、交流接触器、继电器等数字化车间建设，持续推广未来工厂示范项目，全力落实智能制造战略；三是通过自动化和信息化的深度融合与系统集成，打造绿色、高效、精益的智能制造新模式，为行业提供智能制造系统整体解决方案。2021 年，公司为中国通号西安铁路信号工厂打造的智能制造项目，涵盖数字化车间整体布局设计、非标自动化设备设计与制造、产线管理系统定制与实施三大方面，成为国内智能制造系统的典范；为饲养行业提供的基于防疫安全、自动化、信息化项目，集自然条件、整厂工艺规划、设备规划等系统解决方案于一体，获得了行业的普遍好评。

第二十七章

威特龙消防安全集团股份有限公司

第一节　企业概况

一、企业总体情况

威特龙消防安全集团股份公司（简称"威特龙"）坐落于成都市高新技术开发区，是国家火炬计划关注的重要高新技术企业，也是全军装备生产的主要单位。该公司是中国工艺消防领域的开创者，被认为是国家专业、专精、专新的中小企业，同时也是国家知识产权方面的优势企业，受到四川省新经济示范企业的嘉奖。作为行业的引领者，威特龙消防安全集团股份公司致力于推动"主动防护、本质安全"技术的发展，充当着中国能源安全的守护者。公司的全方位行业消防安全整体解决方案广受全球客户的青睐。

威特龙积极推动技术创新和独特发展，拥有 1 个国家级工程实验室、油气消防四川省重点实验室等 4 个省级科研平台和院士专家工作站，参与并建设了多个科研平台，如"省级企业技术中心""油气消防四川省重点实验室""四川省工业消防安全工程技术研究中心"和"消防与应急救援国家工程实验室"。公司先后承担了多项重要科研项目，包括"大型石油储罐主动安全防护系统""天然气输气场站安全防护系统""风力发电机组消防安全研究""超高层建筑灭火技术及装备研究""公共交通车辆消防安全防护系统""西藏文物古建筑灭火及装备研究""防消一体化智能卫星消防站"和"中国二重全球最大八万吨大型模锻压机消防研究"。这些项目涵盖了国家能源安全、公共安全和文物安全领域，为高压细水雾灭火技术、油气防爆抑爆技术、煤粉仓惰化灭火技术、白酒防火防爆技术、大空间长距离惰性气体灭火技术、消防物联网平台和绿色保温防火材料等核心前沿技术的形成提供了支持。公司获得了 330 多项国家专利，其中包括 64 项发明专利，此外还获得了 1 项国家科技进步二等奖和 8 项省部级科技进步奖。同时，威特龙参与了 37 部国家、行业和地方标准的制定和修订（其中已经发布 27 部），引领了消防行业"主动防护、本质安全"技术的发展。

威特龙被国家住建部认可为"消防设施工程设计专项甲级"和"消防设施工程设计与施工壹级"资质。公司在消防领域拥有六大业务板块，涵盖消防设备、消防电子、防火建材、解决方案、消防工程和消防服务。此外，威特龙以多年的专业积淀形成了 30 多个行业的消防安全整体解决方案，积极扩展防火型装配式建筑、新型高压喷雾消防车和消防物联网领域。威特龙在全国范围内设有 20 多家分子公司，构建了覆盖全国的营销网络和服务体系。威特龙合沐佳系列防火建材和系列消防产品在土耳其、印度、俄罗斯、巴基斯坦、印尼等 20 多个国家和地区销售，同时为国内石油、石化、冶金、电力、国防、航空航天、交通、通信、市政建设、文化教育、公共建筑等行业提供整体的消防安全解决方案。同时，威特龙已成为中海油、中石油、中石化、中国神华、延长油田、五大电力、国家电网、中国移动、中国铝业、中船重工、中国建筑、中国建材、大连港集团、中航工业、宝钢集团等企业的重要合作伙伴。

二、财年收入

威特龙近年的财务情况见表 27-1。

表 27-1　威特龙近年的财务情况

财　年	营业收入情况		净利润情况	
	营业收入/万元	增长率/%	净利润/万元	增长率/%
2018	37200.00	21.97	1742.8	5.62
2019	30941.06	-16.83	1113.60	-36.10

续表

财　　年	营业收入情况		净利润情况	
	营业收入/万元	增长率/%	净利润/万元	增长率/%
2020	38673.21	24.99	572.51	-48.59
2021	32375.82	-16.28	1014.89	77.27
2022	37750.14	16.60	1232.94	21.49

数据来源：赛迪安全产业所，2023.05。

第二节　代表性安全产品和服务

一、主营业务

公司根据其整体发展战略，即"创领工艺消防，深耕能源安全，做强数据业务，共享发展平台"，制定了营销战略"一三四"。该战略的核心是加强一个传统业务领域，同时实现三个战略业务领域的市场突破，并着重培育四个超级产品。这些业务领域将由行业客户部和子公司共同合作开展。传统业务主要包括消防产品、消防工程和消防技术服务。而战略业务则涵盖数据业务（工业互联网二级节点运营业务）、油气安全业务和电力新能源业务。

二、重点技术和产品

（一）工业互联网二级节点运营业务

通过整合工业互联网、智能硬件、标识解析和人工智能等关键技术，威特龙旨在建立一个全新的制造和服务体系，涵盖整个产业链和价值链。凭借对行业深入的了解、平台研发和系统集成能力、标识解析赋码解析能力，为全行业提供了一套完整的"工业互联网+安全生产"解决方案。此解决方案不仅为政府和行业客户提供了定制化的园区级、城市级、企业级、设备级的应急安全集成服务，同时也为装备制造企业和应急安全产品生产提供了数字化转型升级的服务。

（二）自动灭火系统业务

自动灭火系统业务主要涵盖两大类，水雾自动灭火系统和气体自动灭火系统。水雾自动灭火系统以自主研发的高压喷雾技术为核心，在全球范围内获得了 40 余项专利，整体技术处于国内领先地位。该系统已在应急救援、文物保护和交通运输等领域广泛应用，并通过省级科技成果鉴定。多功能喷雾灭火枪及其配套设备已获得 22 项国家授权专利，并荣获省级科技进步一等奖，属于国内首创。气体自动灭火系统拥有多种产品类型，其中核心产品在市场中占据主导地位。低压二氧化碳灭火设备已获得国家授权专利共计 13 项，其技术处于国内领先水平。其他产品和装备，如高压二氧化碳灭火设备、柜式七氟丙烷气体灭火装置、二氧化碳感温自启动灭火装置、低压二氧化碳惰化装置、IG541 气体灭火设备、气体灭火系统防护区自动泄压装置和七氟丙烷灭火设备，均拥有自主知识产权，已通过国家认证，其技术水平也居国内领先地位。

（三）电力新能源业务

储能电池的主动安全防护系统采用了一种新的方法来确保电池的安全性。这个系统与传统的被动安全措施不同，它通过主动参与到电池的工艺管控中，采取一系列措施来消除"热量"和"可燃物"，以防止或抑制锂电池因热失控而引发火灾和爆炸事故的进一步发展。这个系统具有多项优点，包括早期监测预警、实时精准定位、多次缓释防护、快速降温灭火防止复燃、多维度全方位防护、预制现场应急处置接口以及安装维护保养方便等。通过解决储能电池 PACK 级的安全防控问题，该系统为储能电池的安全性提供了可靠的解决方案。

（四）油气安全业务

威特龙的油气安全业务以"主动防护、本质安全"为核心，专注于满足石油石化、轨道交通、文物、电力等行业在消防安全方面的特殊需求。产品的装备设计和功能与各行业的工艺流程相结合，从而解决了行业内火灾隐患的根本问题，降低了安全成本，并提升了整个行业的安全水平。产品主要包括大型石油储罐主动安全防护系统，该项目由国家石油储备中心立项，并得到国家能源局的鉴定。此项目获得了国家安监总局科技进步二等奖，并获得了 11 项国家授权专利。此外，该项目被原国家安监总局确定为安全科技"四个一批"成果转化重点项目，还被国家应急部、财政部和税务总局纳入了国家《安全生产专用设备企业所得税优惠目录（2018 年版）》。这个项目在市场上有广阔的应用前景，是一个国际领先、国内首创并得到大力推广的项目。

第三节　企业发展战略

在 2020—2025 年期间，威特龙面临着关键的战略发展阶段。为了实现"中国能源安全守护者"的战略定位，该企业致力于加强内外部资源的整合和优化配置，充分发挥能源安全行业技术和资源的优势。同时，威特龙努力推动能源安全行业市场的突破，通过深入挖掘其他行业市场和整合行业市场资源，确保持续稳定的业务支撑，从而巩固其作为"中国工艺消防创领者"的优势地位。威特龙还致力于强化基础管理，打造和提升品牌形象和价值，并构建完整的产业链条。威特龙以公司主导协会、行业解决方案和智慧消防生态体系为支撑，全面发展能源行业和其他行业产业生态链。这一系列努力旨在提升威特龙的国际影响力，显著提高公司的可持续发展能力，并为将其打造成为"世界一流消防安全整体解决方案提供商"奠定坚实基础。

一、创新工艺流程，引领消防技术

威特龙以工艺流程为基础，利用物联网信息技术作为桥梁，通过智能消防平台监管来监测、预警、处置和控制科研、生产、储运、运维等行业工艺的全过程。威特龙推动主动防护本质安全技术在行业中得到广泛应用，秉持"防为上、救次之、戒为下"的消防安全理念，创新引领工艺消防的发展。威特龙在应急安全领域提出了创新的"主动防护本质安全"工艺消防理念，并以此为基础进行创新研发，开发了一系列代表性的主动防护产品，包括大型石油储罐主动安全防护系统、储能电池主动防护系统、油气抑燃抑爆安全防护系统和 VFS 智慧物联监管平台。威特龙践行主动防护工艺理念，从根源上消除行业企业消防安全隐患，控制事故发生风险，实现企业运营的本质安全。

二、专精核心技术，保驾能源安全

借助油气消防重点实验室作为基础，威特龙以行业准入和业绩案例为支撑，以主动防护本质安全核心技术为切入点，专注于油、气、煤、电四个能源行业的突破。威特龙依托于四川省的油气消防重点实验室，并依靠大量成功的项目案例和海量的运行数据，从事石油石化、天然气、煤炭煤化、电力电网等能源安全领域。核心专利技术包括大型石油储罐主动防护技术、天然气输气场站防护技术、页岩气场站防护技术、大容量大空间长距离惰性气体灭火技术、煤粉仓主动惰化技术、输配电站防护技术和消防物联网平台等。通过深入研究能源安全领域，威特龙引领着能源安全核心技术的发展，并致力于打造完整的能源安全产品体系。威特龙的目标是满足、引导和创造能源行业对消防安全的需求，主导制定能源行业的安全标准和安全体系，汇聚能源安全行业的资源，领导建立能源行业的消防安全生态系统。

三、重视数据资产，赋能产业升级

威特龙通过 VFS 物联网平台，以行业安全产品为基础，实现智慧大数据的连接，通过多联结大连接的方式逐步构建消防安全产业的链接能力。威特龙致力于满足客户的精准需求，并提供主动的安全连接服务。同时，威特龙将融入行业大数据库，利用消防安全大数据进行深度挖掘，以形成行业数据资产。

通过物联网技术，威特龙致力于加强安全应急产业的全面连接，为其带来新的升级机会。威特龙以一系列智慧生态系统为核心，包括小微场所消防物联网管理系统、建筑消防安防一体化物联网平台、消防钢瓶全寿命周期管理系统、二氧化碳灭火设备在线监控管理系统、企安保（保险）、输配电场站消防物联网管理系统、页岩气场站消防物联网管理系统、消防技术服务管理系统、社区应急安全社会化服务平台和水雾灭火设备在线监控管理系统。这些系统将实现消防行业内人与人、人与物、物和物之间的全面连接，实现行业数据化、智能化和精细化管理。威特龙将为客户提供数据联接与运行管理服务，并整合行业数据，加强智慧平台的融合合作。通过构建数据智慧生态，提升链接能力和协同优势，成为智慧安全应急产业升级的实施者。

第二十八章

万基泰科工集团

第一节 企业概况

一、企业总体情况

万基泰科工集团，是一家以城市公共安全为核心，致力于为"平安中国、智慧城市"提供整体解决方案的集成商。集团以大数据、云计算和移动互联网技术为基础，整合城市公共安全技术和人才资源，在信息化顶层设计、城市公共安全大数据平台、城市安全大情报等领域提供从方案咨询、战略规划、产品研发、系统部署到工程实施的一体化解决方案和服务。集团旗下有万基泰智能科技研究院、旭日大地科技发展（北京）有限公司、重庆市荣冠科技有限公司、万基泰科工集团西南科技有限公司、万基泰科工集团（四川）有限公司、万基泰智能科技研究院西南分院等子公司，融合了金融、矿业、贸易等多领域业务于一体，多领域布局，在业内具有很高的知名度。

集团拥有智能科技研究院及多家国家高新技术企业，设有研究生实习基地及博士后工作室，与重点高校合作培养博士生。集团建有完善的产品测试中心和中试生产线，能够快速实现科研成果的推广转化。

集团独立自主研发的城市安全保障智能卫士系统有效集成了地下、地面和低空安防感知手段，是目前城市公共安全感知融合立体防范理念的率先践行者。集团创新性提出的城市公共安全大数据解析中心是城市大脑在公共安全领域的专业化引擎，具备行业应用的前瞻性。目前集团已承担了国家多项智慧城市示范工程项目,研发了城市公共安全智能综合管理平台等多个产品,并在全国多个地方实际应用,主编了《下水道及化粪池气体监测技术要求（GB/T 28888—2012）》等多个国家标准与行业标准。

集团牵头成立"城市公共安全保障与应急处置产业联盟",汇聚业内优质资源,推进行业示范应用,以泸州为示范基地,以"产学研用一体化"促进科研成果转化,共建高科技园区,助力地方经济转型升级,受到工信部、科技部、住建部等国家部委高度关注和赞许。

二、财年收入

万基泰科工集团近年的财务情况见表 28-1。

表 28-1　万基泰科工集团近年的财务情况

财　　年	营业收入情况		净利润情况	
	营业收入/万元	增长率/%	净利润/万元	增长率/%
2020	4000	33.3	9900	149
2021	3000	−25.0	11500	16.2
2022	6300	110.0	12600	9.6

数据来源:赛迪智库整理,2022.04。

第二节　代表性安全产品和服务

万基泰科工集团围绕"产品装备化,大数据智能化",将大数据和人工智能两大先进技术融入擅长和专注的地下空间安全、环保安全和疫情安全,不断拓宽和延展业务赛道,持续推进安全产品装备化,加强人工智能在大数据及城市公共安全的应用,进一步服务社会治理现代化。

一、地下空间（化粪池）安全监控智能处置系统

系统采用激光、红外、电化等多种气体检测方式,结合 GIS 地理信息,利用视频监控、自动控制、物联网传输等技术,实现城市地下管网、

化粪池气体安全监控预警，及自动化智能处置。通过监控中心平台与移动终端检测设备、手机 App 的结合，全面直观显示各监控点现场数据，服务地下管网、化粪池日常运行全流程，改善了化粪池内部气体环境，并通过生物净化处理免除化粪池清掏，杜绝了化粪池堵塞、污水外溢等事件发生，标本兼治地解决了化粪池及管网的系列安全隐患及公共卫生问题，达到无中毒、无爆炸、无燃烧、无传染、无臭气、无臭水，为城市安全管理提供支撑，为消灭地下管网、化粪池安全隐患做出贡献。同时还节约了每年清掏费用，带来可观的经济效益和显著的社会效益。

二、地下危险源人工智能管控机器人

地下危险源人工智能管控机器人是用于监控地下有限空间危险源的智能综合化设备，集成地下有限空间有毒有害气体监测和处置、地面音视频等信息数据融合。该设备包括监测地下有毒有害爆炸性气体，实时告警并自动处置，对地面违法犯罪治安情况实时监控并应急联动处置。集智慧社区便民服务信息为一体的多功能、智慧型、智能型、综合型城市安全监控终端。

三、疫情防控机器人、疫情可视化智能管控平台及警视通视频流调系统

疫情防控机器人应用于城市社区、工厂、工业园区、学校、广场、会场、机场、车站、码头、地铁等重要出入卡口，对城市聚集地区的人员疫情传染病进行健康（如红外测温等）和身份信息匹配搜集和监测，实时反馈人员健康信息，保证城市人员健康安全，对感染人员及时管控，对照历史监测记录，能第一时间追溯感染人员轨迹，科学决策处理，进行隔离防护。在人机交互过程中，能有效避免人员密切接触，降低疫情感染机会。

警视通视频流调系统是一款可供疫情流调人员使用的智能化视频调查装备。系统利用创新的无感计算，可实现资源智能调配，快速提取视频中出现的涉疫人员。并利用拌线检索、特征过滤、人车图谱等审看手段，快速排查出关注的涉疫人员。

四、万基泰机器人智能投放垃圾箱

万基泰机器人智能投放垃圾箱实现了用新型智能垃圾箱替代传统垃圾桶。开展垃圾分类工作，可以通过强化垃圾源头减量、推广智能分类垃圾箱的使用、推动垃圾协同资源化处理等措施，辅助我国碳达峰和碳中和目标的实现。该产品具有垃圾满溢报警、智能投放装置、语音安全提示、IC/ID身份认证、二维码认证、烟雾报警、人体感应便捷投放、语音对讲操作投放等功能特点。

五、无人机侦查及反制系统

无人机侦察及反制系统接入了雷达设备、频谱设备、光电设备、反制设备、飞手定位设备，是集用户管理、视频监控、目标定位、雷达设备管理、频谱设备管理、光电设备管理、反制设备控制于一身的综合性可视化反无人机系统。实现"区域化预警、实时化跟踪、可控化处置"全方位的无人机安全管控，能有效解决无人机黑飞等问题。

第三节　企业发展战略

"十四五"期间，数字中国建设将进入加速期，万基泰科工集团顺应数字化发展大潮，推动新型智慧城市围绕"全智能、全场景、全时空、全流程"建设方向展开。全智能是充分利用物联网、大数据、云计算和"人—机"智能技术，积极部署低成本、低功耗、高精度、高可靠的智能感知设备，以智能感知和智能服务为指导，构建新型智慧城市建设的基础支撑。全场景是推动政府开放更多智慧城市应用场景，除传统的交通、金融、医疗、教育等领域外，进一步扩大安防、能源、环保、应急管理等多场景应用，建设覆盖全面、相互融合的城乡中枢大脑。全时空是依托物联、数联、智联一体化综合功能平台，建立"空中-地面-地下空间"三位一体的不间断城市泛在感知网络，增强城市全时段、立体化智能感知能力。全流程是加强数字孪生城市建设，强化大数据融合、分析、挖掘与可视化技术应用，提升事前感知、预警预测、运营维护、综合评估等全流程智慧管理服务水平。

集团围绕"产品装备化，大数据智能化"，将大数据和人工智能两大先进技术融入擅长和专注的地下空间安全、环保安全和疫情安全，不断拓宽和延展业务赛道，持续推进安全产品装备化，加强人工智能在大数据及城市公共安全的应用，进一步服务社会治理现代化。

　　未来，集团将继续充分发挥技术及资源优势，用大数据智能化打好新基建的"安全新地基"，围绕城市安全、大数据、人工智能等新技术，持续加大研发投入，不断提高自身核心技术创新能力，持续深耕国内城市公共安全和大数据业务领域，服务国家"新型智慧城市"战略，助推国家治理体系和社会治理现代化战略目标的实现，为数字城市、数字经济、碳达峰、碳中和高质量的发展做出贡献。

第二十九章

江苏国强镀锌实业有限公司

第一节　企业概况

　　江苏国强镀锌实业有限公司（简称"江苏国强"）始建于 1998 年 10 月，总部位于江苏省溧阳经济开发区（上兴镇），公司毗邻宁杭高速公路，其高速公路上兴出口距离公司 1 公里，至南京禄口国际机场 38 公里。公司占地 2000 余亩，拥有员工 5000 余人。公司下属有公路安全设施材料制造、铁路声屏障制造、电力设施、通信设施、新能源等方面的多个子公司，是集新能源配套、环保智慧物流、房产开发、生态旅游等行业为一体的多元化跨领域的大型企业集团。

　　近年来，公司大力推动企业向工业化、信息化、智能化转型升级，以制造加工为依托，延伸其他经济领域，形成保质增效、协同发展的一体化产业链。同时，公司建有国强工业设计中心研究院，研发团队与各产业发展协同共建、优势互补，不断提高公司可持续发展的核心竞争力。公司先后获得"中国民营企业 500 强""中国交通百强""电子商务企业""百亿规模企业""重合同守信用企业""常州重大贡献企业""纳税百强企业""常州市五星企业""AAA 级资信企业"，连续三年荣获"全球光伏 20 强中国光伏支架第一位""中国光伏分布式应用贡献大奖"等多项荣誉。

　　江苏国强始终秉承"兴业富民、精业强国"的企业使命，以"让钢材更具生命力"为愿景，坚持"传承、卓越"的核心价值观，积极创造和谐的内外部发展空间，努力实现经济效益和社会效益双赢的局面，热心公益事业，设立了"袁氏兄弟奖学金"，参与实施了"春蕾计划""溧阳市公益募捐"等社会公益活动，在促进地方经济发展的进程中做出了应有的贡献。

第二节　代表性安全产品和服务

一、高速公路护栏必备镀锌管

镀锌管，又称镀锌钢管，分热镀锌和电镀锌两种。热镀锌层厚，具有镀层均匀、附着力强、使用寿命长等优点。电镀锌成本低，表面不是很光滑，其本身的耐腐蚀性比热镀锌管差很多。公司生产的镀锌管全称热镀锌焊接钢管，是由未采取防腐锈措施的焊接钢管、无缝钢管或其他金属钢管等黑管，进行一定工艺的热浸镀锌，使其外层涂合镀锌层，起到长期不锈蚀的钢管。现今的一般黑管为电焊的焊接钢管。

镀锌管穿线的优点如下。

① 维修方便：过线能力强，换线容易。

② 强度高：耐踩踏、抗冲击，防止施工刺穿线管造成短路。

③ 防干扰：信号屏蔽，防止强弱电之间互相干扰。

④ 安全：接地，漏电时及时保护电器和人员安全。

⑤ 阻燃：线路发生短路时阻止燃烧。

⑥ 环保：可以回收再利用，避免二次污染。

⑦ 载流量高：同等线径条件下电流通过率高，电路使用寿命长。

⑧ 省电：导热快，线路工作环境温度低，线损小，省电。

二、高速公路安全材料

公司所生产的各种高速公路安全材料包括立柱、二波及三波护栏板、标志杆、标志牌、隔离栅，以及与之相配套的产品，均执行国家规定的质量标准，其高速公路护栏执行 JT/T 281—2007、JT/T 457—2007 和 GB/T 18226—2000 标准。

产品核心优势如下。

① 护拦板漆面采用纳米涂层技术，具有长期抗腐蚀氧化，漆面不龟裂等特性，使用寿命长。

② 护栏站桩、栏板材料采用顶级优质钢材，抗扭抗暴性能优异，在发生高速交通事故时能极大程度保障车辆不冲出护栏外。

③ 安装工艺简单，后期维护养护方便，成本低廉。

三、附着式升降组合爬架

爬架产品的模块化设计实现了各种复杂结构部位的标准化组配，易于维护和二次周转使用。架体可采用人工分层搭设，也可在地面搭设后整体吊装就位。实现首次整体吊装就位，后续楼层人工分层搭设，使建筑工程整体提升安全性、便捷性与高效作业，节省50%劳动力。

五大特点如下。

① 安全性。

全钢材料，没有火灾隐患；全封闭防务，没有高空坠物伤人风险。

采用遥控控制，当荷载值偏差达到标准值15%的时候，自动报警警示；达到30%时，自动停机。

提升或下降的过程中如意外因素导致架体突然坠落，防坠装置立即触发，安全保障架体。

② 质量好。

选用优质材料、加工工艺保障、加工流程全程监测；部件打印编码，可识别，全生命周期质量追踪。

③ 经济性。

加工过程中减少对钢材的使用；施工过程中省电省工；建筑层数越高，折算下来的综合单位面积使用成本越低。

④ 外形美。

架体外观整洁美观；颜色多样，可以是传统单色系，亦可多种颜色搭配使用；架体上可以展现企业 logo 或形象；根据客户需要，架体外部还可以打印广告画面。

⑤ 低碳环保。

产品更省电省工；施工时有明显的防尘降噪作用。

四、声屏障

公司可根据用户提供的材质、板厚、孔径、孔距、排列方式、冲孔区尺寸、四周留边尺寸进行定制化生产，并可进行金属板整平、卷筒、剪切、折弯、包边、氩焊成型。声屏障是广泛应用的隔音屏障的一种，通常安装在高速铁路、公路、城市地铁、城际轨道交通的两端，以降低车辆快速通过带来的噪声影响。声屏障是由钢结构立柱、吸音板两大部分构成，安装、拆卸、移动更加方便，不仅满足现代社会对隔声降噪的需求，应用较为广泛。

产品核心优势如下。

① 绿色建材，无放射性，不含甲醛、重金属等有害物质，遇高温或明火不会产生有害气体和烟雾。

② 组合式设计，灵活自如，安装拆卸快捷方便。

③ 直平形声屏障，整体平直，而上部吸声板呈孤形，可更加有效地控制声音通过屏体上部的绕射，中间以连续的框架结构为主体。

④ 声屏障吸音板不仅吸声、隔声效果好，还具有优异的耐火、耐久性能，保证使用年限。

⑤ 可选择多种色彩和造型进行组合，景观效果理想，可根据用户要求设计成各种不同的型式与环境相和谐，与周围环境协调，形成亮丽风景线。

⑥ 与公司在钢材行业生产制造紧密联系，产生集约效应，产品价廉物美。

第三节　企业发展战略

在中国，公路护栏板市场竞争格局相对有序，前 10 大供应商占据超过 80%市场份额，其中江苏国强市场占有率在 40%以上，长期位居第一；光伏支架供货量位居国内第一；镀锌制品、消防管道、石油管道、压力管道、结构型材等供货量位居华东地区第一。

公司主编起草了 GB/T 31439 波形梁钢护栏和 GB/T 31447 预镀锌公路护栏标准，目前正主编起草建筑玻璃幕墙用冷弯型钢和冷热复合成型方矩形钢管团体标准。在企业内部建立了技术研发与技术标准相结合的管理机制。

公司从国外引进新的镀锌技术和生产线，不仅生产效率高，而且更加节能环保。2004 年引进日本最新纳米涂层技术，成为全国为数不多的纳米加工企业之一，并拥有两项纳米护栏产品专利。2006 年又与日本新日铁公司联合开发预镀锌技术。石油天然气工业用焊接钢管产品为江苏省高新技术产品，并被列入"国家火炬计划项目"。西格玛立柱产品获得江苏省高新技术产品认定，230 护栏板、固定式光伏支架、智能跟踪支架、集成式升降操作平台获得常州市高新技术产品认定。目前公司拥有专利 80 余项。

　　公司与常州大学合作建设常州市纳米防腐工程技术中心，拥有技术人员合计 41 人，其中博士及高级职称 10 人，硕士及中级职称 13 人，初级职称 18 人。公司通过该项目的实施，开发并推广应用新型轻量化的交通安全设施材料、新型纳米防腐技术及新型镀锌技术，解决交通安全设施材料耐腐蚀差和原材料消耗量大的问题。

　　2020 年，公司与武汉材料保护研究所、宝钢合作研发生产的"轻量化钢护拦材料"，将取得明显的市场竞争优势，还与东南大学多次交流磋商并已达成合作意向，全力支持东南大学国家预应力工程技术研究中心转建国家技术创新中心；在国家技术创新中心平台上建立校企联合研究中心开展先进施工技术和高端装备等方面的研发，设立公司技术力量培训中心，加快科研成果转化落地。

第三十章

上海庞源机械租赁有限公司

第一节　企业概况

一、企业总体情况

上海庞源机械租赁有限公司（简称"庞源租赁"）于 2001 年成立，总部位于上海市青浦区，注册资本 22.58 亿元，总资产超过百亿元，是世界 500 强企业陕西煤业化工集团有限公司旗下上市公司——陕西建设机械股份有限公司最大的全资核心骨干子企业。庞源租赁下设 40 余家全资子公司、20 余个集智能制造和培训服务为一体的基地，遍布北京、广州、上海、深圳等国内中心城市和重点地区，并在马来西亚、柬埔寨、印度尼西亚、菲律宾等国家设有海外全资或控股公司。

庞源租赁始终坚守创新驱动，安全为天，以人为本，绿色发展理念，致力于成为全球工程机械租赁行业的领导者。在自主创新方面，目前庞源租赁拥有 400 余项发明专利、实用新型专利和软件著作权，开发应用的《庞源在线》引领行业信息化管理新模式，定期发布的《庞源指数》成为行业发展状况风向标。在标准编制方面，参与编制了《塔式起重机安全评估规程》《施工升降机安全评估规程》《塔式起重机安全监控系统》等行业标准。庞源租赁凭借其实力先后荣获"中国工程机械租赁行业十大最具竞争力品牌""2021 全球建筑工程租赁业 100 强第 18 位""建筑机械租赁设备管理优秀单位""中国建筑施工机械租赁 50 强企业""全国质量信誉有保障优秀服务单位""上海市建筑施工安全生产先进企业"

等荣誉称号,并连续多年获"国际自有塔式起重机总吨米数量排名前列"等荣誉。

二、财年收入

上海庞源近年的财务情况见表 30-1。

表 30-1 上海庞源近年的财务情况

财 年	营业收入情况		净利润情况	
	营业收入/亿元	增长率/%	净利润/万元	增长率/%
2020	35.31	20.64	73345.65	19.48
2021	43.34	22.74	54089.50	−26.25
2022	35.42	−18.27	5138.65	−90.50

数据来源:赛迪智库整理,2023.05。

第二节 代表性安全产品和服务

庞源租赁主要从事建筑工程、能源工程、交通工程等国家和地方重点基础设施建设所需工程机械设备的租赁服务、安拆和维修等业务,是上海市高新技术企业、中国工程机械租赁服务行业的龙头企业。庞源租赁拥有"A类特种设备安装改造维修许可证"和"起重设备安装工程专业承包一级"资质,规模位居国内工程机械服务行业前列,是从进场安装、现场操作、设备维修到拆卸离场一站式综合解决方案提供商。

庞源租赁拥有各类施工机械 11000 余台,包括架桥机、平臂塔式起重机、平头塔式起重机、履带吊等。业务范围覆盖全国、辐射海外,其中,长期服务于中国建筑、中国电建、中国能建、中铁、中交、中核、中冶、上海建工、北京建工、陕西建工等大型央企、国企及上市公司。自公司成立以来,参建了鸟巢、国家博物馆、央视新址、中国水利博物馆、上海环球金融中心、上海世博会主题馆与阳光谷、广州电视台、杭州湾大桥观光塔、浙江北仑电厂、海口美兰机场、新疆会展中心、上海深坑酒店、黄石鄂东长江大桥、重庆朝天门长江大桥、南京长江三桥四桥、港珠澳大桥、福建平潭大桥、青藏铁路、西藏拉萨圣地洲际大饭店、一大会址等诸多地标性建筑和国家重点工程项目，以及成千上万栋住宅楼。

第三节　企业发展战略

一、双向扩张战略提高市场占有率

虽然庞源租赁已经成为国内塔机租赁行业的龙头企业，但市占率仍然只有 3.5%左右，因此，行业未来存在巨大的整合空间。当市场保持持续上升势态时，庞源租赁将在确保安全的前提下，继续采取内生式增长的扩张战略，不断增加设备规模，扩大市场营销力度，提高市占率。当市场出现下滑时，将适时采取外延式扩张战略，通过并购同行企业，以获取市场资源、补充管理团队，同时扩充机队规模，达到增强市场地位的目的。

二、加快建设综合性服务基地

根据规划，在"十四五"期间，庞源租赁计划在全国建成 25 个包含智能制造、再制造和租赁服务于一体的综合性服务基地，以期实现：一是陕建机部分塔机以及部件的智能制造，充分满足各区域市场的设备需求；二是实现旧设备的及时整修，解决塔机钢结构部件重新涂装，电控部分更换及改造升级，确保使用多年的设备无论外观还是性能都能保持新机的状态，彻底消除安全隐患；三是改善各分支机构管理人员办公、生产、生活条件，全面提升公司形象，增强员工的归属感和向心力，提升团队的凝聚力，从而使得各层级员工更加积极主动地为客户提供优质服务。庞源租赁的每个服务中心再制造服务能力为 1000 台/年，到 2025 年预计在全国建成 25 家服务中心，意味着庞源租赁在 2025 年的再制造能力将达到 2.5 万台/年。根据测算，2025 年国内塔机市场的再制造需求为 5.5 万台，即庞源租赁的再制造业务市场占有率将达到 45%。届时庞源租赁自有塔机每年的再制造需求预计为 5000 台，因此可为同行企业提供 2 万台再制造服务。

三、加强信息化系统建设

根据发展规划，2021 年庞源租赁的塔机数量已达到 1 万台以上，随着公司设备规模不断增大，分支机构不断设立，人员不断增加，管理的跨度和难度将越来越大，鉴于此，庞源租赁自 2018 年开始自主开发业务信息化管理系统，名为《庞源在线》，2019 年底，实现了庞源租赁所有设备的静态、动态在线管理；2020 年 3 月 31 日，实现了物资模块数字大屏上线；根据规划，2020 年底，实现了现场服务的生产模块上线，2021 年底，实现了庞源各管控模块的全面上线；在此过程中，结合 5G、人工智能技术，逐步实现业务管控的智能化。2022 年开始，探索该系统的行业及应用推广，使得该系统不仅能够圆满解决庞源租赁自身的管理需求，也能够帮助同行企业，特别是中小租赁商解决其管理需求的 Saas 产品。

四、建立人才库机制

近年来，随着公司业务规模迅速扩大，管理人员短缺问题逐渐突出。公司将积极引进优秀人才，5 至 10 年内引进一批高等院校应届毕业生。建立员工培养机制，通过内部培训、师带徒等多种方式，逐步培养和充实到各级管理团队中。完善绩效考核制度和人才晋升机制，发掘和锻炼高素质的管理人才，建立人才管理长效机制，发现一批能够胜任分支机构业务开拓的好苗子，形成公司人才库，满足新设机构管理人员的需要。

五、积极参与建立行业标准体系

近年来，庞源租赁在全国加快布局，业务规模不断扩张，随着公司业务在全国各地市场不断渗透，行业标准不统一问题逐渐凸显。当前，行业相关规范性文件政出多门，同时地方性政策带有显著的地方保护色彩。为减少行业标准不统一带来的不利影响，近年来，庞源租赁参与多项行业操作规程的编制，并借助行业协会，积极向政府主管部门献计献策，以推动市场的良性发展。在未来规划上，庞源租赁也将借助陕建机股份作为上市公司的重要作用，积极倡导建立良好的行业标准体系。

第三十一章

华洋通信科技股份有限公司

第一节 企业概况

一、企业简介

华洋通信科技股份有限公司（简称"华洋通信"）创立于1994年8月，起始为徐州中国矿大华洋通信设备厂，2004年改制为徐州中矿大华洋通信设备有限公司，2015年6月完成股份制改制，成立华洋通信科技股份有限公司，注册资金5100万元。华洋通信是国家级高新技术企业、双软企业、江苏省物联网示范企业、江苏省服务型制造示范企业，具有电子智能化工程专业承包二级资质，拥有"江苏省矿山物联网工程中心""江苏省煤矿安全生产综合监控工程技术研究中心"和"江苏省软件企业技术中心"，是江苏省重点企业研发机构，先后荣获省部级科技奖30余项，授权专利90余项，获软件著作权60余项，安标产品90余项。

华洋通信是国内煤矿物联网、自动化、信息化、智能化领航企业，现拥有企业员工150余人，80%以上为大专以上学历。2022年，被评为煤炭行业信息技术企业20强，作为主要起草单位，华洋通信参与编制《煤矿总工程师手册第十一篇<煤矿信息化技术>》、国家标准《煤炭工业智能化矿井设计规范（GBT 51272—2018）》、行业标准《安全高效现代化矿井技术规范（MT/T 1167—2019）》和《5G＋煤矿智能化白皮书（2021）》等标准。

在煤炭行业，华洋通信是多个领域的开创者，包括第一个开发生产了"煤矿井下光纤工业电视系统"；第一个提出并建立了符合防爆条件的百兆/千兆井下高速网络平台，填补了国内空白，达到国际先进水平；第一个提出并建立了"基于物联网的智慧矿山综合监控系统实施模式"；第一个开发生产了"基于防爆工业以太网的煤矿综合自动化系统"；第一个提出并建立了"矿井应急救援通信保障系统"；第一个研发和生产了基于边缘计算的矿用本安型 AI 图像处理摄像仪等。

二、财年收入

江苏华洋通信科技股份有限公司近年的财务情况见表 31-1。

表 31-1　江苏华洋通信科技股份有限公司近年的财务情况

财　年	营业收入情况		净利润情况	
	营业收入/亿元	同比增长率/%	净利润/万元	同比增长率/%
2020	1.52	10.46	2661.10	0.72
2021	1.55	1.97	2897.88	8.90
2022	1.60	3.23	3180.56	9.75

数据来源：华洋通信科技股份有限公司，2023.05。

第二节　代表性安全产品和服务

华洋通信自营业务是以智能矿山领域信息化、智能化成套装备研制开发、智能矿山一体化解决方案和示范工程建设，主要产品包括矿山智脑 AI 人工智能服务平台、采掘工作面 AI 视频识别系统、智能煤流运输 AI 视频识别系统、无轨胶轮车、单轨吊 AI 辅助驾驶系统、立井提升首尾绳、井筒 AI 智能识别系统、煤矿大数据分析平台、煤矿精确人员定位系统、煤矿综合自动化系统，以及选煤厂、发电厂、焦化厂 AI 智能识别系统，成套装备已在全国 400 多个大中型煤矿、煤化工、港口、焦化厂等企事业单位广泛应用。

华洋通信以建立煤矿安全风险智能管控体系为核心，自主研制开发

"矿山人—机—环全域视觉感知与预警系统",实现对人员、机器、环境等监控视频智能分析,精准识别各种安全隐患和事故风险,实时感知煤矿全局安全态势,预警处理响应时间小于 10ms,实现与生产自动化系统、煤矿通信联络系统、安全监控系统协同联动,助力煤矿安全生产水平提升,填补我国智能矿山在安全监控、风险监测预警等领域智能图像分析与应用的空白,对探索煤矿无人化开采,提高煤矿安全技术水平具有重要意义。华洋通信研发的煤矿安全风险智能管控体系主要包括煤矿胶带运输智能控制子系统、提升机高速首尾绳智能检测子系统、煤矿人员"三违"AI 智能视频识别子系统、掘进工作面智能视频安全管理子系统、钻场智能管理子系统等。

作为煤矿智能安全领域的企业代表,基于多年积累的专业能力和研发水平,华洋通信参与了多项行业标准的编制工作,作为主要起草单位,参与制定中国煤炭工业协会团体标准,包括《煤矿综采工作面 AI 视频识别应用规范》《煤矿运输系统 AI 视频识别应用规范》《煤矿提升机首尾绳图像智能检测系统技术规范》《煤矿带式输送机 输送带纵向撕裂AI 视频检测装置》,参与了《5G+煤矿智能化白皮书(2021)》中的内容编写,其中"中煤集团王家岭煤矿智能监管视频 AI 应用"等三篇收录白皮书典型应用案例,以技术创新引领智慧矿山图像智能分析细分行业。

华洋通信多次参与国家级、省部级的重点科研项目,近几年参与的项目主要包括:2017 年江苏省科技成果转化项目"智慧矿山生产与安全关键技术研发及产业化"、2022 年"基于视觉感知的煤矿安全生产智能管控系统研发及产业化"项目、2022 年"矿山智脑 AI 人工智能服务平台研发及产业化"项目、2022 年工业和信息化部"安全应急装备应用试点示范工程"2023 年国家矿山安全监察局矿山安全生产攻关项目,以及国家"十三五""十四五"重点研发计划项目等。此外,华洋通信还多次获得多个奖项,包括获得 2020 年度徐州市质量奖、评为徐州市2021 年高新技术创新 50 强(第 27 位)、2021 年"煤矿 AI 视频识别关键技术及装备的研究与应用"通过中国煤炭工业协会科技成果鉴定,成果达国际先进水平、2022 年"煤矿立井提升 AI 智能检测与预警系统研究与应用"通过了河南省科技成果鉴定、"煤矿多场景侦测及应急救援机器人"项目被科技部推荐国家"十三五"科技创新成就展、"智能视频分析与预警系统研究与应用"获 2019—2020 年度煤炭行业两化深度融合优秀项目、"矿山人—机—环全域视觉感知与预警系统"被列为 2021 年江苏省人工智能融合创新产品和应用解决方案等。

第三节　企业发展战略

华洋通信围绕《国家新一代人工智能发展规划》，以及国家发改委、科技部等八部委联合发布的《关于加快煤矿智能化发展的指导意见》和《"十四五"矿山安全生产规划》，建立了"科技自主创新、矿山领域突破、产品国产可控、行业引领示范"的企业发展战略，以煤炭行业视频 AI 感知与分析技术领跑和标准制定为抓手，提高我国煤矿安全技术水平，推动煤矿无人、少人化开采为目标，进一步推动先进安全装备和技术在金属矿山、安全应急、港口、危化品、冶炼等行业的安全风险防控领域应用推广。

引领煤炭行业视频 AI 感知与分析技术领跑与标准制定。华洋通信产品发展规划紧密结合煤炭行业政策法规和企业实际需求，"十四五"期间聚焦"煤矿 AI 视觉感知与分析处理领域"，第一个研发和生产了基于边缘计算的矿用本安型 AI 图像处理摄像仪，第一个提出了基于"云-边-端"体系的煤矿图像智能分析体系，为智能矿山提供视觉信息感知及智能处理、安全监测与预警等成套解决方案，应用场景覆盖煤矿采煤、掘进、运输、提升、排水、供电、通风机和安全监控等煤矿井上井下全域工作环节，打破国外在矿山领域 AI 视频分析的技术垄断，填补我国智能矿山在安全监控、风险监测预警等领域智能图像分析与应用的空白。通过标准制定，以技术创新引领智慧矿山细分行业发展。

建立"产—学—研—用"创新体系，打造智能矿山科技创新高地。华洋通信与中国矿业大学、华为技术有限公司、中煤华晋集团有限公司等建立"产—学—研—用"创新体系，依托"江苏省煤矿安全生产综合监控工程技术研究中心""江苏省软件企业技术中心"，实现智能矿山新理念、新技术、新产品快速成果转化和应用推广。

建立示范工程点，以点带面，提高市场占有率。华洋通信建立"矿山人—机—环全域视觉感知与预警系统"示范工程，并向其他矿山行业扩展。在主要煤炭基地设办事处及服务机构，与行业相关企业联合形成战略联盟，共同开拓市场。完善代理商渠道与经销商管理机制。逐步建立销售、售后服务和市场管理三位一体的市场保障体系，未来几年将与国内著名公司合作，开拓更大市场，成为国内矿山物联网安全应急装备技术和产品的领军企业。

　　坚持高端产品原则，以高性能监控技术应用为主要目标，坚持优质平价的原则，促进新技术、新装备的普及推广。加强品牌建设，积极开拓市场，通过完善体制、机制，加大研发投入等手段，优化产品性能，依托行业协会、行业创新联盟、中国矿业大学、宣传媒体等媒介，增强用户体验，扩大产品宣传。

第三十二章

华源安能（广东）应急产业发展有限公司

第一节　企业概况

一、企业总体情况

华源安能（广东）应急产业发展有限公司（简称"华源安能"）成立于 2020 年 6 月 16 日，注册资本 10000 万元。

华源安能是在工信部中小企业发展促进中心、发改委国际合作中心、中国中小企业国际合作协会和全国应急产业联盟支持下，由中国交通建设集团湾区总部、广东弘源集团、工信部深圳湾区中小企业国际创新交流中心共同倡导设立，负责国家安全应急产业示范基地（创建单位）东莞塘厦安全应急产业发展聚集区的建设和运营，是一家以商务服务为主的企业。

二、经营情况

华能安源以政企共建、央企引领、大小融合联合推进国家安全应急产业示范基地东莞塘厦聚集区新能源汽车集聚中心、汽车零部件集聚中心、汽车电子集聚中心、央企区域综合总部集聚中心、智能装备智能制造集聚中心、专精特新企业发展创新集聚中心、生物医药医疗器械研发产销中心、安全应急产品展示科普体验中心、安全应急物资储备流通中心、安全应急救援指挥中心逐渐成功落地。

华源安能作为投资主体，成功开发位于广东省东莞市塘厦镇的东益智能汽车产业园，是国家安全应急产业示范基地启动项目（简称"项目"），项目于 2018 年被列入"广东省重点建设项目"及"东莞市重大项目"，占地面积 111 亩，建筑面积 41 万平方米，拥有 11 栋现代化智慧楼宇，其中 6 栋现代化 4.0 高标准产业用房、1 栋产业研发大厦、3 栋高端人才公寓，配备 1 栋多功能会议展示中心。同时，项目是东莞首个汽车工业上楼园区，规划 4 大中心——智能汽车集聚中心、汽车电子部件集聚中心、应急装备集聚中心、专精特新中小企业聚集中心，产业覆盖新能源汽车领域上下游、汽车零部件、智能装备、电子信息技术等主要产业。

第二节 代表性安全产品和服务

华源安能业务主要为应急救援技术咨询、技术开发；自然灾害应急救援服务及咨询（不含诊疗服务）；软件设计与开发；无人机系统、仿真模拟系统技术开发、设计；安全防护装备、应急救援设备（以上项目不含医疗器械）、消防设备的生产销售；应急救援设备、消防设备的维修；新能源汽车及其配件研发、产销；新能源汽车租赁；新能源汽车的技术咨询、技术服务、技术转让；安防设备销售；通用机械设备租赁；教育咨询；紧急救援服务等。

华源安能为地方政府提供产业运营服务，全力推动大湾区安全应急产业集群高质量发展，落实国家安全应急产业总体布局。切实满足粤港澳大湾区，乃至整个国家的应急防控产业需求。

第三节 企业发展战略

华源安能积极推进粤港澳大湾区安全应急产业聚集。在园区产业集群构建工作中，华源安能积极对接融入粤港澳大湾区国家发展战略，构建主业明晰、重点突出、特色明显、错位发展的安全应急产业发展载体新格局，努力提升产业承载力和集聚度。从自身资源禀赋和产业基础出发，以应急救援保障领域的技术、产品和服务为核心，形成以监测预警应急包、主动防护应急包、物资保障应急包、处置救援应急包为目标的主要发展思路，实现产业集聚、企业集中、功能集成。大力促进安全应急产品的定标准、入目录、进采库、国基金以及地方政策落地，以政策集成、大项目引进、产业创新、园区建设为着力点，以央企引领做大体量、筹办会展和技术创新为突破口，形成安全应急产业集聚优势。

华源安能主动提升安全应急产业创新能力。在国家安全应急产业示范基地创建过程中，华源安能引领创建工作发展，将形成以央企引领，实现重大技术突破，大中小企业充分发挥各自优势，实现有机融合发展的全新局面。各门类安全应急企业在聚集区内实现高效互通，孵化出新的安全应急产业布局。实现大至特种、重型安全应急装备研发生产，小至基础材料生产、平急两用各类应急包（箱）的全产业链融合发展。加大对安全应急产业企业、孵化器、研发机构等创新主体的扶持力度，努力打造"一群一台三新"的"113"安全应急产业发展格局，激发企业自主创新活力；鼓励企业申报专利，支持企业制定和运用专利战略参与市场竞争，增强知识产权运用、保护和管理能力；支持企业开展基于自主知识产权的国家及国际标准制定以及国家和省名牌产品创建；探索建立校地合作的长效机制，加强同高校、科研机构合作，鼓励其分校（分院）落户东莞塘厦。重点建设应急救援装备等产业技术创新联盟，打造一批众创空间和创新示范区。

华源安能着力推进安全应急产业高质量发展。在园区管理的项目招引过程中，华源安能坚持以项目为王不动摇，始终把重大项目招引建设作为头版头条、重中之重，以优质增加塘厦安全应急产业发展聚集区竞争力。实施重大项目攻坚活动，创新设立重大项目服务部。大力实施东莞《关于实施重点企业规模与效益"倍增计划"全面提升产业集约发展水平的意见》和《塘厦镇产业经济发展实施办法》，对企业采取"一事一议、一企一策"重点支持。一是鼓励龙头企业通过上市、兼并、联合、重组等方式，壮大规模，提高竞争力，推动产业集聚发展。二是大力培育创新型企业。支持企业融入全球创新网络，配置创新资源，引导企业加强与行业龙头企业、高校院所等实行高位嫁接，主动引进外来资本和先进技术，不断提升自主创新能力。三是积极发展领军企业。深入实施科技型中小企业成长计划，围绕"专、精、特、新"发展方向，加强科技、金融、人才等要素保障，积极培育创新能力强、成长速度快、产业链延伸性好的创新型、科技型中小企业。

华源安能协助政府积极优化安全应急产业发展环境。在政府支持下，华源安能加强园区管理，优先保障安全应急产业中的企业用电、用能需求和重点项目用地，灵活选择长期租赁、租让结合、先租后让、弹性出让等方式供应项目工业用地。大力发展工业设计、检验检测等生产性服务业，完善生产、检测、认证、信息服务、人才培训、创新创业等公共服务平台功能，提升产业公共服务水平。强化资金保障，依托整合塘厦镇现有的政府产业引导基金，设立安全应急产业投资基金，引导社会资本聚焦产业发展，每年至少组织 2 场综合性产业基金对接活动；支持发展金融租赁、融资性担保、商业保理等金融类企业，引导和支持各类投资机构设立安全应急产业发展基金，推广大型制造设备、生产线等融资租赁服务。筹备各类安全应急产业专业化博览会、交易会，打造展会品牌，推进市场拓展，促进合作交流，提升产业影响力。

华源安能积极完善安全应急产业链条。在园区产业链补链强链方面，华源安能积极推动链式发展，培育地标产业，实现特色发展高质量。按照"培育产业链条、打造地标产业、领跑国内同行、提升全球影响"的目标定位，以强链、补链、延链、建链为总抓手，深入推进区域内安全应急产业链研究，逐一编制产业研究报告，绘制产业链图谱，促进传统产业链整体跃升。持续聚焦区域内安全应急龙头企业本地化配套所需，一方面整合区域创新资源和生产能力，调动各方优势资源，通过产业与金融资本结合，对应急救援产业进行培育，促进优质产业资本、项目、技术和人才聚集。以高端应急动力电源、应急通信与指挥产品和紧急医疗救护产品的先进专利技术为基础，以监测传感技术、物联网技术、大数据分析技术在智能应急救援方面的应用为主要发展方向，着力一个全球一流的安全应急综合服务平台；全面打造"应急监测预警+应急救援技术+高端智能制造"的国内外顶尖百余企业集群发展新标杆，涵盖"政企协、产学研、投融建、运管服"的全链条服务新样板，构筑新产业、新基建、新业态的产城融合示范新高地。

华源安能带头深化安全应急装备试点示范应用。在提升园区示范效应方面，华源安能带头积极开展先进安全应急装备试点示范应用。推进企业技术改造，引导企业持续应用新技术、新设备、新工艺、新材料加快改造提升，促进工业互联网、大数据、云计算、人工智能等新技术与安全应急产业发展深度融合，推动产业转型升级。实施智能化改造行动计划，鼓励企业应用先进数控技术、工业机器人等智能化装备，建设智能生产线，加速建立面向生产全流程、管理全方位、产品全生命周期的智能制造新模式，提高劳动生产率和产品质量稳定性。引导企业深入实施"三品"战略和"标准化+"先进制造行动，制定领先于国家标准、行业标准的"领航标准"，鼓励和指导企业争创"制造业单项冠军"、"隐形冠军"、专精特新"小巨人"等，培育一批领军企业和质量标杆企业，形成一批具有国内、国际影响力的本土安全应急知名品牌。

华源安能综合多方资源加快建设央企区域综合总部集聚区。地方政府以华源安能为牵头核心，携手央企区域总部企业及各大院校研究院和实验室，加快成果转化与应用，以提升工程行业安全技术水平为目标，开展示范工程建设，培育一批"小巨人""冠军"企业。重点建设安全应急工程总部、工程类专业高校成果转化基地、工程建设研究院、工程实验室。

政　策　篇

第三十三章

2022—2023 年中国安全应急产业政策环境分析

2023 年是全面贯彻落实党的二十大精神的开局之年，是实施"十四五"规划承上启下的关键之年。党的二十大报告强调，要"统筹发展和安全""建设更高水平的平安中国，以新安全格局保障新发展格局"，这对我国提升本质安全水平和增强应急保障能力提出了更高的要求。构建安全应急产业体系不仅要为突发事件的应对处置提供专用的技术装备，更要将突发事件应急处置关口前移，运用先进技术装备提升本质安全水平，提高公共安全基础水平，保障人民生命财产安全。近年来，我国安全应急产业发展进入了快车道。在政府采购投资、行业高质量发展、个人和家庭消费等三大力量共同驱动下，产业势能持续积聚、重点领域发展迅速，战略性新兴产业和新经济增长点的作用地位更加突出，并在防范处置各类突发事件中发挥了重要作用。同时，产业集聚效应初步显现，全国范围内以京津冀、长三角、珠三角等城市群为核心，形成一批安全应急产业示范基地。

第一节　统筹发展和安全要求加快安全应急产业发展

党的十八大以来，习近平总书记高度重视统筹做好发展和安全两件大事，强调"坚持统筹发展和安全，坚持发展和安全并重，实现高质量发展和高水平安全的良性互动"。党的二十大报告强调，要以新安全格局保障新发展格局，这就要求要用统筹发展和安全的战略思想，把安全和发展置于同等重要地位。统筹发展和安全是我们党治国理政的一条重大原则，实现了我国国家安全思想的理论飞跃，也是立足我国发展新阶段而做出的战略选择。安全是发展的前提，发展是安全的保障。2023年5月12日，中共中央总书记、国家主席、中央军委主席习近平在河北考察，主持召开深入推进京津冀协同发展座谈会并发表重要讲话。习近平强调，要巩固壮大实体经济根基，把集成电路、网络安全、生物医药、电力装备、安全应急装备等战略性新兴产业发展作为重中之重，着力打造世界级先进制造业集群。安全应急产业作为向自然灾害、事故灾难、公共卫生事件、社会安全事件等各类突发事件提供安全防范与应急准备、监测与预警、处置与救援等提供专用产品和服务的产业，诠释了坚持统筹高质量发展和高水平安全的理念。自 2012 年工信部和原国家安监总局联合发布《促进安全产业发展的指导意见》以来，过去的十年间，我国安全应急产业破茧成蝶，不断集成创新。从 2011 年《安全生产"十二五"规划》中提到"促进安全产业发展"，到《"十四五"国家应急体系规划》的"壮大安全应急产业"，表明在加强我国应急体系建设，推进安全发展中，安全应急产业发展扮演着越来越重要的角色。

第二节　宏观层面：推进国家安全体系和能力现代化

党的二十大报告提出，国家安全是民族复兴的根基，社会稳定是国家强盛的前提。必须坚定不移贯彻总体国家安全观，把维护国家安全贯穿党和国家工作各方面全过程，确保国家安全和社会稳定。并从健全国家安全体系、增强维护国家安全能力、提高公共安全治理水平、完善社会治理体系四个方面进行了系统全面部署，对安全应急产业高质量发展提出了更高的要求。具体来看主要有以下两个方面。

一是以新安全格局保障新发展格局。当前，世界之变、时代之变、历史之变正以前所未有的方式展开。我国进入新发展阶段，国内外环境的深刻变化既带来一系列新机遇，发展面临的内外部风险也空前上升，甚至会面对风高浪急、惊涛骇浪的重大考验。把握机遇，应对挑战，开创中华民族伟大复兴新局面，保证国家安全就是头等大事。我们构建新发展格局，要坚持在发展中平稳化解风险，在化解风险中优化发展，让发展和安全两个目标有机融合，实现高质量发展和高水平安全的良性互动。坚持问题导向，着力推进安全应急产业高质量发展，抓重点、抓关键、抓短板，以安全应急产业关键核心技术攻关为突破口，切实解决安全发展面临的一些突出矛盾和问题，不断提高安全应急产业发展水平，提升对高质量发展保障能力。

二是要统筹推进各领域安全工作。总体国家安全观系统回答了中国特色社会主义进入新时代，如何既解决好大国发展进程中面临的共性安全问题，同时又处理好中华民族伟大复兴关键阶段面临的特殊安全问题，既要求要有大局观和整体观，也充分重视各领域安全是对国家安全工作的一体谋划与推进。党的二十大报告系统阐述了总体国家安全观的核心要义，我们要坚持以人民安全为宗旨、以政治安全为根本、以经济安全为基础、以军事科技文化社会安全为保障、以促进国际安全为依托。要深刻体察当今时代传统安全要素与非传统安全要素相互交织、相互融合、相互依赖、相互影响的客观现实。坚持统筹推进政治、军事、国土、经济、文化、社会、科技、网络、生态、资源、核、海外利益、太空、深海、极地、生物等各领域安全。新征程上，推进国家安全体系和能力现代化，就要紧跟新时代，对标新要求，要牢牢把握"五个统筹"，统筹发展和安全、统筹开放和安全、统筹传统安全和非传统安全、统筹自身安全和共同安全、统筹维护和塑造国家安全，增强忧患意识，做到居安思危，在健全国家安全体系、增强维护国家安全能力、提高公共安全治理水平、完善社会治理体系方面不断强化法治思维，运用法治方式，持之以恒以改革创新精神破难题解新题，以法律为武器开展有理有节的斗争，维护国家主权、安全和发展利益，为构建系统完备、科学规范、运行有效的国家安全制度体系做出贡献。

第三节 微观层面：提升安全意识，加快安全应急产品与技术推广应用

党的二十大报告提出，建立大安全大应急框架，完善公共安全体系，推动公共安全治理模式向事前预防转型。2022 年底，中共中央、国务

院印发《扩大内需战略规划纲要（2022—2035 年）》（以下简称《纲要》），"推动应急管理能力建设"位列其中。

一是要增强安全文化和应急意识的提升。通过将安全素质教育纳入国民教育体系，把普及应急常识和自救逃生演练作为重要内容。繁荣发展安全文化事业和安全文化产业，扩大优质产品供给，拓展社会资源参与安全文化建设的渠道。推动安全宣传进企业、进农村、进社区、进学校、进家庭，推进消防救援站向社会公众开放，结合防灾减灾日、安全生产月、全国消防日等节点，开展形式多样的科普宣教活动。建设面向公众的应急救护培训体系，加强"红十字博爱家园"建设，推动建立完善村（社区）、居民家庭的自救互救和邻里相助机制。

二是鼓励和支持先进安全技术装备在应急各专业领域的推广应用。实施安全应急装备应用试点示范和高风险行业事故预防装备推广工程，引导高危行业重点领域企业提升安全装备水平。在危险化学品、矿山、油气输送管道、烟花爆竹、工贸等重点行业领域开展危险岗位机器人替代示范工程建设，建成一批无人少人智能化示范矿井。通过先进装备和信息化融合应用，实施智慧矿山风险防控、智慧化工园区风险防控、智慧消防、地震安全风险监测等示范工程。针对地震、滑坡、泥石流、堰塞湖、溃堤溃坝、森林火灾等重大险情，加强太阳能长航时和高原型大载荷无人机、机器人以及轻量化、智能化、高机动性装备研发及使用，加大 5G、高通量卫星、船载和机载通信、无人机通信等先进技术应急通信装备的配备和应用力度。

第三十四章

2022年中国安全应急产业重点政策解析

第一节 《"十四五"国家应急体系规划》

2022年2月14日，国务院印发《"十四五"国家应急体系规划》（国发〔2021〕36号）（以下简称《规划》），对我国"十四五"时期安全生产、防灾减灾救灾等工作进行全面部署。《规划》是为全面贯彻习近平总书记关于应急管理工作的一系列重要指示和党中央、国务院决策部署，根据《中华人民共和国国民经济和社会发展第十四个五年规划和2035年远景目标纲要》制定的，是我国应急管理体制改革后关于国家应急体系建设的第一个五年规划，也是新发展阶段提升我国应急管理体系和能力现代化的总体要求。

一、政策要点

（一）《规划》是我国"十四五"时期应急管理体系建设的行动纲领

《规划》以推动高质量发展为主题，以防范化解重大安全风险为主线，提出了今后五年以及更长时间我国应急管理体系建设的目标。根据《规划》，到2025年，我国应急管理体系和能力现代化建设取得重大进展，形成统一指挥、专常兼备、反应灵敏、上下联动的中国特色应急管理体制，建成统一领导、权责一致、权威高效的国家应急能力体系，防范化解重大安全风险体制机制不断健全，应急救援力量建设全面加强，应急管理法治水平、科技信息化水平和综合保障能力大幅提升，安全生产、综合防灾减灾形势趋稳向好，自然灾害防御水平明显提升，全社会防范和应对处置灾害事故能力显著增强。到 2035 年，建立与基本实现现代化相适应的中国特色大国应急体系，全面实现依法应急、科学应急、智慧应急，形成共建共治共享的应急管理新格局。

（二）《规划》系统谋划了实现目标的路径和重点

《规划》从优化应急协同机制、部署安全生产治本攻坚任务、完善各项准备、提升科技保障、实现社会共治等多个方面系统地阐述了实现应急管理体系建设总体目标的路径。具体来说，《规划》提出七大任务，包括：深化体制机制改革，构建优化协同高效的治理模式；夯实应急法治基础，培育良法善治的全新生态；防范化解重大风险，织密灾害事故的防控网络；加强应急力量建设，提高急难险重任务的处置能力；强化灾害应对准备，凝聚同舟共济的保障合力；优化要素资源配置，增加创新驱动的发展动能；推动共建共治共享，筑牢防灾减灾救灾的人民防线。

（三）《规划》提出五个重大工程项目

为夯实高质量发展的安全基础，将实现目标的工作落到实处，《规划》提出了管理创新、风险防控、巨灾应对、综合支撑和社会应急能力提升 5 大类、17 个小类的重大工程项目，见表 34-1。此外，《规划》还从加强组织领导、投入保障和监督评估等三方面提出了建立健全规划实施保障的机制与举措，确保任务和工程项目顺利实施。

表 34-1 《"十四五"国家应急体系规划》提出的重大工程项目

序　号	大　类	小　类
一	管理创新能力提升工程	应急救援指挥中心建设
		安全监管监察能力建设
二	风险防控能力提升工程	灾害事故风险区划图编制
		风险监测预警网络建设
		城乡防灾基础设施建设
		安全生产预防工程建设

续表

序　号	大　类	小　类
三	巨灾应对能力提升工程	国家综合性消防救援队伍建设
		国家级专业应急救援队伍建设
		地方综合性应急救援队伍建设
		航空应急救援队伍建设
		应急物资装备保障建设
四	综合支撑能力提升工程	科技创新驱动工程建设
		应急通信和应急管理信息化建设
		应急管理教育实训工程建设
		安全应急装备推广应用示范
五	社会应急能力提升工程	基层应急管理能力建设
		应急科普宣教工程建设

数据来源：根据公开资料整理，2023.05。

（四）《规划》从安全应急需求出发提出发展安全应急产业

经济社会的稳定进步和安全应急产业的发展密不可分。《规划》提出"壮大安全应急产业"与新发展阶段我国安全应急的需求提升相关，优化产业结构、推动产业集聚、支持企业发展也与目前安全应急产业发展的需求相吻合。加快安全应急产业发展，推动先进安全应急技术和产品的研发及推广应用，强化源头治理、消除安全隐患，打造新经济增长点，将有利于安全应急产业高质量发展，为进一步提升安全应急能力和水平奠定基础。

二、政策解析

（一）《规划》是基于我国安全应急发展现状和未来发展需求做出的系统部署

应急管理是国家治理体系和治理能力的重要组成部分。党中央、国务院高度重视安全生产与应急管理工作，提出了一系列指示和工作部署。"十四五"时期是我国开启全面建设社会主义现代化国家新征程、向第二个百年奋斗目标进军的第一个五年。在"十三五"时期全国安全生产水平稳步提高、防灾减灾救灾能力提升的基础上，特别是应急管理部组建以来，在顶层设计、机制制度、基础能力、监管服务等方面增强了应急管理工作的系统性和整体性的前提下，党中央、国务院坚持以人民为中心的发展思想，统筹发展和安全，对安全的重视提升到一个新的高度，对实现更高质量、更有效率、更加公平、更可持续、更为安全的发展做出部署，为做好新时期应急管理工作指明了方向。

基于这样的重大历史机遇和现实背景，为使国家应急体系规划更贴合我国发展实际，《规划》分析了我国"十三五"时期取得的工作进展，但也必须清醒地认识到，我国安全生产工作正处于爬坡过坎、着力突破瓶颈制约的关键时期，同时我国也是受自然灾害影响最严重的国家之一，各类安全风险隐患复杂，应急管理工作艰巨，需要坚决遏制重特大事故，极力降低灾害事故损失，在国家层面统筹谋划防范化解重大安全风险的目标任务，形成具有中国特色的应急管理体制，达到新时期国家治理能力现代化的目标和任务。

（二）《规划》是"十四五"时期应急管理领域最上位规划

《规划》按照国家"十四五"专项规划编制工作的统一部署和应急管理领域"1＋2＋N"规划体系布局（"1"即《"十四五"国家应急体系规划》）制定，是对应急管理事业发展做出的重大部署。《规划》重点从三个方面强化衔接：一是把握战略定位，坚持贯彻新发展理念，把握新阶段发展规律，统筹安全与发展；二是明确战略重点，以健全应急管理指挥体系、自然灾害防治体系、安全预防控制体系和应急力量体系等为牵引，聚焦事故灾难和自然灾害两大类突发事件，以重大工程项目为落脚点，深入推进应急管理体系和能力现代化；三是发挥《规划》作为"十四五"时期我国应急管理领域最上位规划的引领作用，完善应急管理领域"1＋2＋N"规划体系，同步编制并发布了安全生产、综合防灾减灾规划，即"1＋2＋N"中的"2"，以及消防、矿山、危险化学品安全和防震减灾、装备发展、应急力量建设等规划，即"1＋2＋N"中的"N"，为建设更高水平的平安中国和全面建设社会主义现代化国家奠定系统的政策支持。

（三）《规划》强调预防为主和强化灾害准备

坚持预防为主和坚持精准治理是《规划》提出的两项基本原则。《规划》指出，我国传统高危行业安全风险隐患突出，新产业、新业态、新模式大量涌现，灾害事故发生的复杂性和耦合性进一步增加，提升应急管理体系和能力成为建设更高水平平安中国、实现高质量发展的必然要求。《规划》坚持综合减灾理念，坚持以防为主、防抗救相结合，努力实现从灾后救助向灾前预防转变，从减少灾害损失向减轻灾害风险转变。在强化灾害应对准备方面，《规划》强调了四个方面的准备，即强化应急预案准备、强化应急物资准备、强化紧急运输准备和强化救助恢复准备，同时，还提出要注重风险源头防范管控、强化风险监测预警预报、深化安全生产治本攻坚和加强自然灾害综合治理四个方面防范化解重大风险。此外，《规划》还突出了基层作为灾害事故处置第一道防线的作用，提升全社会应急能力和水平，一方面要建设专业高效的应急队伍、反应迅速的指挥中心，科学合理的应急物资储备体系，另一方面要以网格化治理为切入点，鼓励群防群治，提升全民的防灾减灾意识和能力，形成规范有序、充满活力的社会应急力量。

第二节　《扩大内需战略规划纲要(2022—2035 年)》

中共中央和国务院在 2022 年 12 月 14 日发布了《扩大内需战略规划纲要（2022—2035 年）》（以下简称《纲要》）。《纲要》秉持习近平新时代中国特色社会主义思想，面对国际环境的深刻变化和超大规模市场的优势，主动选择了扩大内需战略。这一战略准确把握了国内市场的发展规律，并在未来趋势可预见时就采取了措施，以防患于未然，追求利益最大化和风险最小化。在《纲要》中，第三十四条为应急管理能力建设提供了明确的指导方针。

一、政策要点

（一）出台背景

自改革开放以来，特别是自党的十八大以来，中国一直在积极参与国际产业分工，同时不断提升国内供给的质量水平，以释放国内市场需求，促进形成强大的国内市场。这种扩大内需的趋势对经济发展的支持作用越来越明显。一是消费对经济的支持作用不断增强。过去 11 年中，最终消费支出占国内生产总值的比重连续保持在 50%以上。住房和交通等传统消费领域有了显著增长。城镇居民的人均住房建筑面积不断提高，汽车新车销量连续 13 年位居全球第一。新兴消费领域的业态和模式也在快速发展，2021 年实物商品网上零售额占社会消费品零售总额的比重达到 24.5%，人均服务消费支出占人均消费支出的比重为 44.2%。二是更好地发挥投资的关键作用。我国的资本形成总额占国内生产总值的比重一直保持在合理水平，这为优化供给结构、推动经济平稳发展提供了有力的支撑。此外，我国的基础设施建设水平得到全面提升，全国的综合运输大通道正在加快贯通。此外，新型基础设施建设，如 5G 网络等正在加快推进。在其他领域，例如生态环保、医疗卫生和教育等领域，我国也在加快弥补短板和弱项。三是国内市场的运行机制不断完善。我国加快了高标准市场体系的建设，并且持续推进"放管服"改革，使营商环境不断优化。同时稳步推进要素市场化配置、产权制度等重点改革，并加快了流通体系的健全。另外，逐步完善社会保障制度，并且加快形成统筹城乡的基本公共服务体系。这些措施有效地激发了市场活力。四是国内外市场的联系愈加紧密。我国已成为全球第二大商品消费市场，国内生产总值超过 110 万亿元，进口规模不断扩大、结构不断优化，为国际市场带来了巨大的影响力。同时，国际经贸合作得到了扎实的推进，对外开放高地建设也取得了显著进展，使我国成为最具吸引力的外资流入国之一，促进我国市场与全球市场的进一步协调发展和互惠互利。

（二）主要内容

《纲要》强调了扩大内需的战略意义。随着我国经济从高速增长转向高质量发展，需要适应新的发展要求和条件。扩大内需战略可以最大限度地发挥超大规模市场的优势。作为一个大国经济，要进一步发挥市场优势，必须坚定地执行扩大内需的战略，促进居民消费和有效投资，增强经济的发展韧性，从而推动经济持续健康发展。

《纲要》第三十四条中，明确强调了提升安全保障能力的重要性，以夯实内需发展基础。该条还强调了推动应急管理能力建设的重要性，明确了国内需要增强应对重特大突发事件的应急能力，并加强应急救援力量的建设，同时推进灾害事故的防控能力建设。加强防灾减灾救灾和安全生产科技信息化支撑能力，就是要提升应对灾害和保障安全生产方面的能力。

　　《纲要》指出，随着国际环境的深刻变化，我国必须采取措施来应对不断增加的风险和挑战。全球经济增长的不平衡和不确定性加剧，加上新冠疫情的影响，以及单边主义、保护主义、霸权主义等威胁，给世界和平与发展带来了压力。在这个复杂严峻的外部环境下，必须坚定实施扩大内需战略，以保持稳定发展。扩大内需战略是更高效率促进经济循环的关键支撑。为了促进国内大循环更加顺畅，需要打通经济循环的堵点，夯实国内基本盘。实现国内国际双循环相互促进，更好地依托国内大市场，有效地利用全球要素和市场资源，从而更高效地实现内外市场联通，促进发展更高水平的国内大循环。

　　《纲要》提出我国"十四五"期间实施扩大内需战略的主要目标。一是通过推动消费和投资，实现内需规模的新突破。同时，内需的质量和效益得到明显提升。二是优化资源配置，不断释放内需潜力。实现资源配置结构改善，人均可支配收入和经济增长保持同步增长。同时，基本公共服务的均等化水平不断提高，多层次的社会保障体系逐步健全。三是提高供给质量。供给侧结构性改革实现重大进展，加速推进传统产业的改造和提升。创新能力显著提高，产业基础和产业链的现代化水平明显提高。四是完善市场体系。建立高标准的市场体系，使得商品和要素在城乡区域间流通更加便利。营商环境不断优化，公平竞争制度日益完善。五是经济循环流畅，推动内需不断增长和效率不断提升。我国已经基本形成了更高水平的开放型经济新体制，并且加强了与周边地区的经济合作，接下来要进一步推动周边和全球经济的发展，发挥更强的带动作用。

二、政策解析

（一）全面提振消费升级是核心要务

《纲要》强调，最终消费是经济增长的持久推动力量。为了适应消费升级趋势，我国需要提高传统消费水平，培育新型消费模式，拓展服务消费领域，并适度增加公共消费。同时，国家还要专注于满足个性化、多样化和高品质消费需求。

在改善传统消费方面，主要关注以下措施：提高健康、营养农产品和食品的供应量，积极推进智慧交通系统的建设，促进家庭装修消费活动，增加智能家电的购买和使用，支持免税业的有序健康发展，推动民族品牌的壮大，增加国内中高端消费品的供应，积极推动绿色低碳消费市场的发展。

在积极促进服务消费方面，关注重点包括以下几个方面：首先，致力于扩大文化和旅游消费，鼓励人们更多地参与文化活动和旅游体验；其次，努力增加养老育幼服务的消费，并提供多层次的医疗健康服务，以确保人们在各个方面都能获得适当的医疗保健。此外，积极推动群众体育消费，推动家政服务的提质和扩容。

在加速发展新兴消费方面，迅速推动传统线下业态向数字化改造和升级方向转型，培养出"互联网+社会服务"的创新模式，促进共享经济以及其他新型消费形式的蓬勃发展，并推动社交电商、网络直播等新兴个体经济的兴起。

（二）网络安全成为经济发展保障

《纲要》提出了加速数字产业化和产业数字化的目标，旨在建立跨部门和跨区域的数据资源流通应用机制，加强数据安全保障能力，并改善数据要素流通环境。此外，还要建立基础制度和标准规范，涵盖数据跨境传输、交易流通、资源产权和安全保护等方面。当今，我国各个领域的生产和生活正在以巨大的步伐迈向数字化时代。例如，我们有了电子身份证、在线问诊和在线购物等方便的服务。然而，这种便利也带来了一系列问题，比如个人隐私泄露、电信诈骗和勒索软件等。数据安全已不再是单一领域的问题，而是融合了物理和数字世界的重大挑战。为了促进产业发展和经济繁荣，我们需要加强网络信息安全保障的能力。

（三）完善应急物资保障体系有序开展

《纲要》针对应急物资装备保障体系建设提出，要加强公共卫生和灾害事故等领域的应急物资保障，以及改进中央、省、市、县、乡五级应急物资储备网络。建设国家级应急物资储备库，提升地方应急物资储备库和救援装备库的能力，并向中西部地区和灾害频发地区倾斜中央的应急物资储备。同时，持续优化重要应急物资的区域布局，实施应急产品生产能力储备工程，引导企业承担社会责任并建立必要的产能储备。建设区域性应急物资生产保障基地，并完善国家应急资源管理平台。此外，完善应急决策支持体系，建立应急技术装备研发实验室。提高应急物流投送和快速反应能力，加快完善应急广播体系。

在应对严重突发事件的背景下，提高应急能力与建立完善的应急物资体系密切相关。确保充足的应急物资装备是增强应急能力的物质基础，而优化的应急物资产能区域布局则是建设应急能力的必要条件。此外，完善和升级地方和国家级的应急物资储备库，并建设区域性应急物资生产保障基地，也是推动应急管理能力建设的重要举措。

（四）加强应急救援能力建设至关重要

依据《纲要》精神，我国将进一步改善航空应急救援体系，促进新型智能装备、航空消防大飞机、特种救援装备和特殊工程机械设备的研发和配置。同时，加大对综合性消防救援队伍、专业救援队伍和社会救援队伍建设的力度，推动救援队伍的现代化能力提升。此外，我国还将推进城乡公共消防设施的建设，改造重点场所的消防系统。

自党的十八大以来，国内应急救援水平有了显著的提升。我国成立了国家综合性消防救援队伍，并建立了以该队伍为核心、与专业救援队伍相协作、军队应急力量为支援、社会力量为辅助的中国特色应急救援力量体系。我国的综合灾害应急能力大幅度增强，成功应对了多起重大事故和灾害，经受住了一系列严峻考验。应急救援力量的建设是应急管理能力建设的首要任务。我国需要扎实推进以下方面的规范化建设：应急救援队伍、应急预案体系、应急处置规范以及救援保障。同时，还要确保每项建设都得到切实的落实和完善，以提高预案编制的质量，规范预案的管理和处置流程，加强装备的保障，以及夯实基础保障。这样的努力将大大提升我国应对各类重大事故和灾害的能力，以高效应对这些挑战。

（五）灾害事故防控能力建设迫在眉睫

《纲要》支持城乡防灾基础设施建设，同时改善防汛、抗旱、防震、减灾、防风、抗潮、森林草原防火、地震和地质灾害等核心设施。增强城市的防洪和排涝能力，逐步建立完善的防洪排涝系统。其中，应急预案与应急演练在其中扮演着至关重要的角色，环环相扣影响着应急管理能力建设的成效。应急演练数字化应用新模式的推出，将帮助政府部门、危化企业、中小学开展常态化应急演练，用科技赋能应急管理，提升群众防汛抗洪、安全生产、应急处突能力。

《纲要》提出要加快构建天空地一体化的灾害事故监测预警体系和应急通信体系。随着信息化的快速发展，我们的应急保障体系也在向数字化、网络化、智能化的方向迈进。在得到网络安全企业的支持下，我们的应急保障体系能够在预警通报、安全评估、监测分析、安全运维、病毒收集、渗透测试、应急处置、漏洞挖掘、取证溯源等方面提升能力，并确保系统信息和数据的安全。

第三节 《"十四五"应急物资保障规划》

应急物资保障是国家应急管理体系和能力建设的重要内容。《"十四五"应急物资保障规划》的制定，目标为加强应急物资保障体系建设，提高应对灾害事故的能力和水平，切实保障人民群众生命财产安全。该规划所称应急物资，是指有效应对自然灾害和事故灾难等突发事件，所必需的抢险救援保障物资、应急救援力量保障物资和受灾人员基本生活保障物资。其中，抢险救援保障物资包括森林草原防灭火物资、防汛抗旱物资、大震应急救灾物资、安全生产应急救援物资、综合性消防救援应急物资；应急救援力量保障物资是指国家综合性消防救援队伍和专业救援队伍参与抢险救援所需的应急保障物资；受灾人员基本生活保障物资是指用于受灾群众救助安置的生活类救灾物资。

一、政策要点

（一）明确了"十四五"时期建设目标

规划中提到，到 2025 年，建成统一领导、分级管理、规模适度、种类齐全、布局合理、多元协同、反应迅速、智能高效的全过程多层次应急物资保障体系。优化中央政府储备结构布局，整合中央应对重大自然灾害、事故灾难的各类应急物资储备，统一规划管理。中央层面能够满足特别重大灾害事故应急物资保障峰值需求，地方能够满足本行政区域启动 II 级应急响应的应急物资保障需求，并留有安全冗余，重特大灾害事故应急物资保障能力总体提高。

其中，体制机制法制更加健全、储备网络体系更加完善、产能保障能力显著提升、调配运送更加高效有序、科技支撑水平显著提高。具体指标见表 34-2。

表 34-2 "十四五"时期中央应急物资保障发展主要指标

专栏 "十四五"时期中央应急物资保障发展主要指标	
1	国家森林草原防灭火物资可同时应对 2 起特别重大森林火灾
2	中央防汛抗旱物资可同时应对 2 个流域发生大洪水、超强台风以及特别重大山洪灾害
3	大震应急救灾物资可同时应对 2 起重特大地震灾害
4	新建或改扩建中央应急物资储备库
5	第一批中央应急物资 24 小时内运抵灾区（国家森林草原防灭火物资省内 24 小时运抵灾区，省外 48 小时运抵灾区）
注：中央应急物资储备库包括国家综合性消防救援队伍应急物资储备库、大震应急救灾物资储备库	

数据来源：根据公开资料整理，2023.05。

（二）明确了"十四五"时期主要任务

一是完善应急物资保障体制机制法制。完善应急物资保障体制，优化应急物资保障中央和地方分级响应机制，健全应急物资保障跨部门合作机制，健全应急物资保障法律法规、预案和标准体系。

二是提升应急物资实物储备能力。科学确定应急物资储备规模和品种、优化应急物资储备库布局、加强应急物资储备社会协同、提升应急物资多渠道筹措能力。

三是提高应急物资产能保障能力。提升企业产能储备能力、优化应急物资产能布局、加大应急物资科技研发力度。

四是强化应急物资调配能力。完善应急物资调配模式、提升应急物资运送能力、优化应急物资发放方式。

五是加强应急物资保障信息化建设。推进应急物资保障数据整合、强化应急物资保障决策支撑能力、提升应急物资保障信息化水平。

（三）明确了"十四五"时期重点建设工程项目

一是应急物资储备项目。到 2025 年，建立中央储备和地方储备相互补充、政府储备和社会储备相互结合的应急物资储备体系。

二是应急物资储备库建设工程。根据灾害事故风险分布特点和应急物资储备库布局短板，优化应急物资储备库地点分布，在改扩建现有应急物资储备库并推动整合的基础上，新建一批应急物资储备库。

三是应急物资保障标准项目。开展应急物资保障标准研制、推广和应用示范，推动应急物资保障标准化建设，进一步健全应急物资保障标准体系。修订应急物资分级分类和编码标准。研制和完善储备库建设标准、仓储管理标准、物资技术标准、救援物资配备标准、重要应急物资生产制造标准、信息化建设标准等。

四是应急物资生产能力提升工程。探索政府与市场有效合作与协调机制，分门别类梳理应急物资生产企业名录并定期更新，形成包括企业信息、产品规格及产能等供给清单。依托国家应急资源管理平台，搭建重要应急物资生产企业数据库。开展区域布局产能调查等工作，鼓励各地区依托安全应急产业示范基地等，优化配置应急物资生产能力，重点加强西部地区、边疆省区应急物资生产能力建设。对实物储备和常态产能难以完全保障的关键品种应急物资，支持企业加强技术研发，填补关键技术空白，强化应急物资领域先进技术储备。

五是应急物资调配运送现代化工程。按照规模适度、布局合理、保障有力、合理利用的原则，充分发挥多主体多模式优势，建立健全应急物资调配运送体系，统一调配应急物资，提高应急物流快速反应能力。依托应急管理部门中央级、区域级、省级骨干库建立应急物资调运平台和区域配送中心。加强应急救援队伍运输力量建设，配备运输车辆装备，优化仓储运输衔接，提升应急物资前沿投送能力。健全应急物流调度机制，提高应急物资装卸、流转效率。增强应急调运水平，与市场化程度高、集散能力强的物流企业建立战略合作，探索推进应急物资集装单元化储运能力建设。

六是应急物资管理信息化建设工程。完善应急资源管理平台，为应急抢险救援救灾提供应急物资指挥调度和决策支持服务。加强应急物资保障数据共用共享，整合政府、企业、社会组织等各类主体的数据资源，汇聚中央、省、市、县和社会应急物资保障信息。利用大数据、区块链和物联网等技术手段，开展应急物资生产、采购、储备、调拨、运输、发放和回收全生命周期信息化管理，实现全程留痕、监督追溯和动态掌控。构建应急物资需求预测、供需匹配、智能调拨和物流优化等关键模型算法并实现业务化应用，提升应急物资管理决策支撑能力。

二、政策解析

（一）编制背景

"十四五"时期，是我国向第二个百年奋斗目标进军的第一个五年，也是推进应急管理体系和能力现代化的关键时期，应急物资保障工作面临新形势、新任务与新挑战。党中央对应急物资保障工作提出新的要求，防范化解重大灾害事故风险挑战不断加大，人民日益增长的美好生活需要对应急物资保障提出更高要求。目前，应急物资保障在结构布局、地方储备能力、产能保障、调运能力、科技化水平等方面还存在短板和弱项。

2020 年 2 月，习近平总书记主持召开中央深改委第十二次会议，明确提出要"健全统一的应急物资保障体系"，把应急物资保障作为国家应急管理体系建设的重要内容。

为贯彻落实习近平总书记关于应急物资保障体系建设的重要指示，应急管理部牵头编制《规划》，会同国家发展改革委、财政部、国家粮食和储备局等部门联合印发，紧紧围绕"健全统一的应急物资保障体系"总要求，明确"十四五"时期应急物资保障体系建设的指导思想、基本原则、建设目标、主要任务和重点建设项目工程。

（二）总体考虑

以习近平新时代中国特色社会主义思想和习近平总书记关于应急管理、防灾减灾救灾和应急物资保障重要论述为指导，按照集中管理、统一调拨、平时服务、灾时应急、采储结合、节约高效的原则，以健全统一的应急物资保障体系为目标，以满足自然灾害、安全生产事故等突发事件受到影响人员和应急救援力量提供物资保障需求为核心，重点聚焦应急管理部门主管的应急物资，深入研究应急物资保障存在的短板和不足，完善应急物资储备体制机制，尽快补齐应急物资保障体系短板，提高防范和应对各类重特大灾害事故能力，推动形成中央和地方实物储备、能力储备、社会储备相结合的多层次应急物资储备体系，基本实现应急物资储备体系和能力建设现代化。

（三）主要内容

《规划》共有五章，包含三部分内容。其中：

第一、二章为总述，主要阐述了应急物资保障历史发展、工作成效、存在的主要问题、面临的形势挑战、"十四五"时期指导思想、基本原则和主要目标。

第三、四章明确了"十四五"时期应急物资保障体系建设的 5 个方面主要任务和 6 个重点建设工程项目。主要任务包括：完善应急物资保障体制机制法制、提升应急物资实物储备能力、提高应急物资产能保障能力、强化应急物资调配能力、加强应急物资保障信息化建设；工程项目包括：应急物资储备项目、应急物资储备库建设工程、应急物资保障标准项目、应急物资产能提升工程、应急物资调配运送现代化工程、应急物资管理信息化建设工程。

第五章是保障措施，阐述了规划实施的组织领导和任务落实、多渠道经费保障、专业化队伍保障以及监督管理和绩效评估。

第四节　《"十四五"公共安全与防灾减灾科技创新专项规划》（国科发社〔2022〕246 号）

2022 年 11 月 10 日，科技部、应急管理部联合发布了《"十四五"公共安全与防灾减灾科技创新专项规划》（国科发社〔2022〕246 号，下简称《规划》）。为贯彻落实《中华人民共和国国民经济和社会发展第十四个五年规划和 2035 年远景目标纲要》，两部委发布了《规划》，分析了我国公共安全与防灾减灾领域科技创新发展的形势与需求，明确了规划制定的指导思想与基本原则，规划了"十四五"期间公共安全与防灾减灾科技创新的总体思路、发展目标和重点任务，并提出了相应的保障措施，以促使规划要求顺利落实。在形势与需求方面，《规划》分析了我国公共安全与防灾减灾科技创新现状、国际公共安全与防灾减灾科技创新发展趋势以及我国公共安全与防灾减灾科技创新发展需求。在指导思想与基本原则方面，《规划》明确了以习近平新时代中国特色社会主义思想为指导思想；在发展思路中强调要将安全与发展联系在一起，并将重大自然灾害监测预警与风险防控、危险化学品与矿山安全风险防控、城市建设与运行安全风险防控、重大灾害事故应急救援等作为发展重点进行关注；在基本原则上，《规划》则坚持创新引领、问题导向、系统推进和开放合作，要求加快成果转化应用，促进安全应急产业发展。在发展目标中，《规划》设立了总体目标和具体目标，提出要深化应用基础研究、攻克重大灾害事故风险防控关键技术、研制监测预警与应急救援技术装备、建设高水平科研创新基地、培养高水平科技创新人才队伍。《规划》还特别指出，要协同推动建设一批国家安全应急产业示范基地，推进安全应急装备试点示范工程。为实现《规划》目标，《规划》提出了三项重点任务和三大保障措施，并以专栏的形式为我国"十四五"期间公共安全与防灾减灾科技创新工作指明了方向。

一、政策要点

（一）《规划》明确了我国"十四五"期间公共安全与防灾减灾科技创新的发展目标

《规划》针对我国"十四五"期间公共安全与防灾减灾科技创新工作提出了总体目标和具体目标。

在总体目标方面，规划谋划了我国公共安全与防灾减灾科技创新工作到 2025 年的总体绘卷，要求依据各领域发展现状，全面提升公共安全与防灾减灾应用基础研究、共性关键技术与核心装备研发、重大灾害事故防控技术创新体系、重大自然灾害防控、重点行业领域安全生产、重大灾害事故应急救援装备技术的创新研发能力，在相关领域实现重大突破、进一步完善或大幅提升。《规划》目标还要求，在"十四五"期间要"推动实施自然灾害防治技术装备现代化工程和安全应急装备创新发展工程，建设公共安全与防灾减灾领域国家战略科技力量，实现精密监测、精确预警、精准防控、高效救援，支撑建设更高水平的平安中国。"

根据总体目标要求，《规划》制定了五个具体目标，从多个维度保障总体目标顺利实现。一是要深化应用基础研究，为公共安全与防灾减灾技术装备研发提供理论支撑；二是要攻克重大灾害事故风险防控关键技术，重点突破重大自然灾害和重大灾害事故的精密精确监测预警、场景推演与综合防治技术，以及精准防控技术水平；三是要研制监测预警与应急救援技术装备，提升安全应急技术装备的科学化、专业化、精细化和智能化水平，提升安全应急装备产业链的安全应急保障能力和现代化水平；四是要建设高水平科研创新基地，加快全国重点实验室、国家技术创新中心和骨干科研机构建设，协同推动建设一批国家安全应急产业示范基地，推进安全应急装备试点示范工程；五是要培养高水平科技创新人才队伍，在公共安全与防灾减灾领域培养一批具有国际竞争力的青年科技人才后备军。

（二）《规划》规定了我国"十四五"期间公共安全与防灾减灾科技创新的重点任务

针对我国"十四五"期间公共安全与防灾减灾科技创新发展需求，

《规划》提出了三大重点任务。一是要深化基础研究，要"夯实理论基础，加强公共安全与防灾减灾领域前瞻性、基础性和原创性研究"，为科技创新发展提供具有自主知识产权的坚实理论基础。为此，《规划》提出要重点研究重大自然灾害成因与风险防控机理、安全生产风险监测预警与事故防控理论和科技支撑应急管理体系和治理能力现代化基础理论，针对自然灾害、事故安全两大类突发事件，以及应急管理体系和治理能力开展基础理论研究。二是要研发技术装备，补短板强弱项，要强化新一代信息技术在安全应急领域中的应用。在重大自然灾害监测预警与风险防控领域，要重点研究特大洪涝干旱灾害、重特大森林草原火灾、大规模地质灾害、特大地震灾害、极端气象灾害、海洋灾害和复合链生灾害等重大自然灾害的监测预警与风险防控关键技术装备，实现重大自然灾害的"全过程精密监测、精确预警、精准防控"；在安全生产风险监测预警与事故防控领域，要针对危险化学品和化工园区安全风险、矿山安全风险、城市建设和运行安全风险、交通运输和物流安全风险、火灾风险及扑救、特种设备安全风险、冶金等工贸行业重点危险场所安全风险以及重大基础设施安全风险等发展监测预警与防控技术与装备，从而提升重点行业安全生产重大风险的识别能力和识别效率，有效提升生产安全水平；在应急救援技术装备领域，要"推动实施自然灾害防治技术装备现代化工程、安全应急装备创新发展工程"，加快发展现场保障技术装备、抢险救援技术装备、救援人员安全防护技术装备、生命救护技术装备、综合支撑与应急服务技术装备等重点应急救援技术装备，针对极端恶劣环境和特殊事件的安全应急需求，研发"智能化、实用化、轻量化专用救援装备"，实现高端装备的自主可控。三是要强化示范应用，推进成果转化。重点建设国家可持续发展实验区和国家可持续发展议程创新示范区和国家安全应急产业示范基地，开展国家重点研发计划成果应用转化和安全应急装备应用试点示范工程，组建创新联合体和产业技术创新联盟。

（三）《规划》提出了我国"十四五"期间公共安全与防灾减灾科技创新的保障措施

为实现《规划》目标，落实《规划》提出的三大重点任务，《规划》

提出了三大保障措施以促进规划落实。一是要加强组织领导，建立协同推进机制，要"全面贯彻落实党中央、国务院重大决策部署，建立健全多部门协同推进工作机制，强化省部联动，构建'横向到边、纵向到底'的公共安全与防灾减灾科技创新工作格局"，并根据规划实施情况开展跟踪监测和定期评估，确保相关工作落在实处。二是要优化资源配置，调动社会各方力量，建立"以国家科技创新平台为核心、省部科研院所和高等院校为支撑、企业为主体的科技创新资源体系"，确保政府资金的合理配置，同时引导社会金融资本向重点发展领域流动。三是要壮大人才队伍，营造创新生态环境，坚持"健全公共安全与防灾减灾领域科技创新人才培养体系"，为公共安全与防灾减灾工作建立具有国际竞争力的青年人才储备，同时还要创新项目管理、优化人才评价激励机制，激发人才创新活力。

二、政策解析

（一）出台背景

为全面贯彻落实党中央、国务院重大决策部署，贯彻落实《中华人民共和国国民经济和社会发展第十四个五年规划和 2035 年远景目标纲要》，实现"统筹发展和安全，建设更高水平的平安中国"的基本要求，科学技术部和应急管理部联合发布了《规划》，为我国"十四五"期间公共安全与防灾减灾科技创新工作进行了顶层设计和宏观规划。《规划》指出，我国是世界上自然灾害最为严重的国家之一，"自然灾害种类多、分布地域广、发生频率高、影响损失大，各类安全生产风险隐患交织叠加、事故多发频发"，长期以来自然灾害和事故灾难对我国人民群众生产生活构成了严峻威胁。《规划》的制定，在我国实现平安中国过程中具有里程碑意义，是我国下一个五年规划中保障人民群众生命财产安全、实现国家长治久安的必要支撑。

（二）全覆盖、信息化、智能化是公共安全与防灾减灾技术装备的主要发展方向

我国在公共安全与防灾减灾领域已经取得了一定成果，但随着社会

经济的不断发展，传统的防灾减灾方式已经难以满足人民群众日益提升的安全应急保障需求。在新一代信息技术的广泛应用下，公共安全与防灾减灾领域科技创新工作的发展空间更为广阔，数字化、智能化、自动化公共安全与防灾减灾技术装备需求快速提升，对极端环境和特殊场景下的保障需求也成为关注重点。防灾减灾方面以基础研究、空天地海立体覆盖监测网络体系、监测预警信息化智能化以及精准预测为主要发展方向，安全生产方面以多灾种综合防治、承灾载体量化平台、高精度监测预警、事故链智能阻断等为发展前沿，应急救援领域则突出应急通信、指挥和救援装备的数字化、智能化、精密化和专业化等。

（三）加快发展国家安全应急产业示范基地，实现"十四五"公共安全与防灾减灾科技创新工作要求

《规划》明确了"十四五"公共安全与防灾减灾科技创新工作的主要目标和重点任务，从政产学研用多个角度加快整合科研和金融资源，促进各个安全与防灾减灾科技研发平台建设和团队建设，统筹"项目-基地-人才"多元布局，多措并举提升领域创新能力。国家安全应急产业示范基地作为"项目-基地-人才"的中坚力量，具有安全应急产业发展集聚水平高、自主研发能力强、产业特色鲜明、安全应急保障能力和辐射效应强等诸多优点，不但能为公共安全与防灾减灾科技创新工作提供科研团队、园区服务和资金支持，高度的产业集聚性也有利于研发单位快速发现行业领域所急需解决的共性问题，从而提升研发指向性，增强自主创新效率，为我国公共安全与防灾减灾科技创新工作提供多维保障。

热　点　篇

第三十五章

三年抗击新冠疫情应急物资保障

第一节　事件回顾

新冠疫情最早通报时间为 2019 年 12 月 31 日。当时武汉市华南海鲜市场出现不明原因的肺部感染者，这名感染者是 12 月 8 日入院的，12 月 31 日才被确诊为新冠肺炎。因此，2020 年 1 月 12 日该病毒被世界卫生组织命名为 2019 新型冠状病毒，即 "COVID-19"。该病毒传染性强，而且重症率高，待首次发现时在武汉已经遍地开花。病毒无国界，大疫三年，根据世卫组织 2022 年 12 月 22 日公布的最新数据显示，全球累计新冠确诊病例达 650,879,143 例，死亡病例达到 6,651,415 例。2021年 5 月 31 日，世卫组织宣布使用希腊字母命名新冠病毒变异株，于是有了阿尔法、贝塔、伽玛、德尔塔、奥密克戎……这三年对全世界影响最大的新冠病毒变异株是德尔塔和奥密克戎。刚开始，德尔塔具有潜伏期短、传播速度快、病毒载量高、核酸转阴时间长、更易发展为危重症等特点，一度成为很多国家的主要流行毒株。直到 2021 年年底，出现了新冠病毒的"王者"奥密克戎。一直到今天，全球 COVID-19 的确诊患者，99%是奥密克戎感染者。奥密克戎的最大特点是传染性最强，但危害性最小。这就给全球防疫政策带来深层次变化：其传染性最强，根本防不胜防，采取"清零"政策的防控成本越来越高；其危害性最小，长期来看与人类"共存"的可能性越来越大。

把人民生命安全和身体健康放在第一位，是中国制定疫情防控政策的首要考量，也是衡量疫情防控成效的重要标准。回顾三年抗疫，从突发疫情应急围堵，到常态化疫情防控探索、全方位综合防控；从武汉保卫战、湖北保卫战，到大上海保卫战……以习近平同志为核心的党中央始终坚持人民至上、生命至上，因时因势不断优化调整防控措施，先后印发十版防控方案和十版诊疗方案，随着条件的逐步变化，相继出台二十条优化措施，推出新十条优化措施，将新冠病毒感染从"乙类甲管"调整为"乙类乙管"，牢牢掌握了抗疫的战略主动权。三年来，我们经受住了全球五波疫情冲击，有效处置了百余起聚集性疫情，成功避免了致病力较强的原始株、德尔塔变异株的广泛流行，有力守护了人民群众生命安全和身体健康。实践充分证明，党中央确定的疫情防控方针政策是正确的、科学的、有效的。

第二节　事件分析

新冠疫情发生后，以习近平同志为核心的党中央高度重视，强调"要优化重要应急物资产能保障和区域布局""加快补齐我国高端医疗装备短板，加快关键核心技术攻关，突破技术装备瓶颈，实现高端医疗装备自主可控"。"十四五"规划中明确要"完善突发公共卫生事件监测预警处置机制，健全医疗救治、科技支撑、物资保障体系"，对加快发展防疫应急物资产业链提出了更高的要求。

回顾三年疫情，应急物资产业链发展的速度十分迅猛。近年来已有湖北、四川、甘肃、浙江、上海、安徽、广东、河北、浙江等多个省份出台相关政策或规划，明确将发展防疫应急物资相关产业纳入完善物资保供体系的重要内容。但也要看到，疫情前由于防疫应急物资产业链顶层统筹规划缺乏、关键共性水平不高、国际技术垄断高企、市场需求拉力不足，仍面临着关键零部件供应不上、关键产品生产不出、产品性能存在差距、区域布局有待优化等短板，未来有待进一步从完善顶层设计、加强技术攻关、优化区域布局、加强应急准备等方面统筹发展。

一、防疫应急物资产业链体系覆盖行业广泛

根据工信部、国家发改委印发的相关政策文件，疫情期间调度物资

主要包括医疗防护用品、消杀用品、医疗药品、专用车辆、检测仪器、医疗器械等六大类产品，横跨纺织工业、化学工业、装备制造业、汽车制造业、软件和信息技术服务业等多个行业门类。

防疫应急物资产业链图谱如图 35-1 所示。

防疫应急物资产业链			
原材料/元器件	**零部件**	**成品**	**后端应用**
金属材料	医用传输装置	医用防护产品	医院
非金属材料	医用放射装置	医疗设备	医疗机构
化工原料	医用电机	医用运输车	家庭用户
电子元器件	医用传感器	消毒产品	医疗物资储备机构
生物制品材料	医用成像装置	体外诊断产品	
其他原材料/元器件	汽车底盘	治疗药品	
	非织造布		
	其他零部件		

图 35-1　防疫应急物资产业链图谱

（数据来源：根据公开资料整理，2023.05）

从产业链发展来看，目前我国防疫应急物资相关产业发展态势良好，我国正成为全球重要的制造基地与消费市场。根据不同产品特点差异，防疫应急物资大体可划分为两大类别。一是医用防护产品、消毒产品等，这些产品的技术附加值相对较低，产业链结构较为完备，各环节的国内发展水平相对成熟，产业布局整体呈"片状"分布，集中在产业基础强劲的地区呈现密集分布，产业已经涌现了一批重点龙头企业，产业规模优势初步显现，并在国际市场中已经占据了较大市场份额。二是医疗设备、体外诊断产品、医疗运输设备、治疗药品等。这些产品的技术附加值相对较高，国产品牌正在逐步突破由美欧垄断的市场格局，但产业链在关键原材料/元器件、零部件领域存在较明显的薄弱环节。

二、我国防疫应急物资产业链存在短板

此次疫情防控工作暴露出我国防疫应急物资产业链存在短板，紧急

状态下物资有效供给难以跟上急速攀升的物资需求。从目前在医疗设备、医用防护用品、检测试剂及设备、医用电子仪器、消杀用品及设备、医疗互联网等六大类重点医疗物资存在的技术短板来看，我国防疫应急物资产业主要存在基础行业技术水平不高、关键环节面临技术短板、创新成果难以验证应用、区域布局有待优化完善等短板弱项。

一是关键元器件难以实现大规模量产。以全自动红外测温仪为例，其核心元器件非制冷红外焦平面探测器还未实现量产能力。一方面，传统封装形式需要进行单个生产，效率相对较低；另一方面，利用金属、陶瓷封装非芯片部分成本过高，加大了芯片规模化生产的难度。

二是关键产品生产能力欠缺。以叶克膜为例，该产品作为新冠重症患者提供心肺支持的关键产品，在我国长期以来缺乏生产能力。全球生产叶克膜的厂家主要有美国美敦力、德国迈柯唯、索林等，国内无整机生产企业，市场被迈柯唯和美敦力占据。

三是国内产品性能存在差距。以医用防护服材料为例，疫情期间，国内稳健医疗等企业仍主要采用进口自美国杜邦公司的无纺布材料。美国杜邦公司运用闪蒸法生产的无纺布材料，在放大 500 倍后结构依然致密，具有较好的防护性与舒适性。相比之下，我国国产的纺粘非织造布与 PE 膜复合的材料，尽管符合生产标准，但在阻隔性能、透气透湿、舒适性方面还存在差距。

四是区域布局有待优化完善。我国防疫应急物资企业在市场化规律指引下，自发地围绕产业基础雄厚地区集聚发展，但从公共卫生事件的角度来看，产业区域布局应充分考虑防疫工作需求，以确保对潜在需求地区的有效及时辐射。例如，我国医用口罩生产企业主要集中在河南、湖北、江苏等无纺布产业集聚区，在区域隔离、物流运力不足的情况下，难以第一时间满足新疆等远距离地区快速上扬的物资需求。

三、产业链短板的主要成因

一是缺乏顶层统筹规划。防疫应急物资具有一定的公共产品属性特点，脱离政府的产业政策可能会降低相关产品的供给效率。然而长期以来，防疫应急物资分散在电子制造业、装备制造业、消费品工业等不同行业领域，现行相关政策分散在不同管理部门，针对安全应急保障需求的系统性考虑不足，对防疫应急物资产业链发展难以形成有效引导。

二是关键共性技术水平不高。例如，现场可编辑阵列（FPGA）芯片能够对各种信号进行数字化处理，是医疗设备中最基础的元器件之一，广泛应用于呼吸机、CT成像、除颤器等应急医疗设备。尽管近年来京微齐力、复旦微电子、紫光同创等一批国内企业开展了技术攻关，但国产FPGA产品与国际领先厂商相比，在产品性能、功耗、功能上存在较大差距，一定程度上阻碍了应急医疗装备的国产化替代。

三是国际垄断阻隔国产化替代进程。一方面，关键性技术难以突破欧美品牌垄断。以叶克膜为例，我国在泵、膜肺等核心零部件方面暂时缺乏生产供应能力，其中膜肺被美国3M长期垄断。另一方面，技术创新成果难以得到推广应用。以呼吸机零部件微型高性能涡轮风机为例，贝丰科技是全亚洲极少数能够生产该级别性能风机的企业，产品质量与供给能力在全球位居前列。但在国内市场，整机企业更青睐于在精密仪器领域早有建树的欧美品牌，国产品牌在国内持续"被冷落"。

四是防疫应急物资平时市场需求较小，难以形成拉动产业发展的强大拉力。防疫应急物资平时市场需求较为稳定，难以形成规模经济，企业开展科研投入后难以弥补相应的成本。以核酸检测试剂盒的酶为例，市场需求较小，企业技术创新投入成本与获得收益之间不匹配，企业缺乏开展科研投入的利益动机。

四、对提升我国应急物资保障能力的对策建议

一是进一步完善顶层设计。应急物资保障体系是一项系统性工程，需将发展防疫应急物资相关产业作为"十四五"应急能力建设的重要内容。目前《"十四五"应急物资保障规划》已经发布，国家层面顶层设计已经建立，未来应将工作重点放在建立部门间协作机制上，推动形成工作合力。

二是加强技术攻关。坚持需求导向，瞄准薄弱环节，针对三年疫情中防疫应急物资保障的经验，应针对不同领域应急物资的关键原材料与零部件，形成技术短板清单，通过公共安全科技专项、产业投资基金等多种渠道鼓励企业加大研发投入，推动共性关键技术的创新转化。组合运用采购目录、应用示范等方式推动先进技术创新成果进行工程化应用

与产业化推广，加速应急物资产学研用进程。

三是优化区域布局。结合区域突发事件应急处置需求，科学规划应急物资产能区域布局。鼓励引导各地围绕不同突发事件相应需求建设安全应急产业示范基地，形成区域性应急保障服务能力。在全国范围内选择重点企业进行生产能力储备试点。

四是加强应急准备。加强突发事件风险研判，面向不同突发事件响应需求，建立完善应急物资产业链各环节的实物储备、产能储备与技术储备；打造应急状态下企业紧急动员机制，遴选一批重点转产企业，储备应急状态下的转产能力；建设国家重点应急物资保障调度平台，实现数据资源互联互通，为物资保障提供信息支撑。

第三十六章

"9·5"四川泸定 6.8 级地震

第一节　事件回顾

2022 年 9 月 5 日 12 时 52 分，四川省甘孜州泸定县发生 6.8 级地震，最高烈度达到 IX 度，震源深度 16 千米，震中位于北纬 29.59 度，东经 102.08 度。受灾范围涉及 3 个市（州）12 个县 82 个乡镇，造成大量建筑、电力、通信、交通等基础设施受损，同时引发大量滑坡等次生灾害。

地震发生后，中共中央总书记、国家主席、中央军委主席习近平高度重视并做出重要指示，四川甘孜泸定县 6.8 级地震造成重大人员伤亡，要把抢救生命作为首要任务，全力救援受灾群众，最大限度减少人员伤亡。按照习近平总书记的指示精神，在党中央和国务院的坚强领导下，四川省抗震救灾指挥部启动省级地震一级应急响应，迅速调集消防救援、森林消防、解放军和武警部队、公安干警、医疗卫生等专业救援力量赶赴灾区展开应急救援。社会各界也闻令而动紧急驰援。此次地震灾害救援行动累计出动各类救援力量 1 万余人、装备 1.2 万余套、直升机 9 架，采用陆路突进、水路转运、空中投送的协同救援方式，分区组织多轮次排查搜救。

此次泸定地震造成 93 人遇难，其中甘孜州遇难 55 人、雅安市遇难 38 人。另有 25 人失联，其中泸定县 9 人、石棉县 16 人。

第二节　事件分析

　　此次地震震中位于乡村及山地地区，灾害呈现四个显著特点。一是地震最高烈度高达 IX 度，对房屋建筑、基础设施均造成严重破坏。二是此次地震造成了严重的山体滑坡等地质灾害，且灾害呈现点多、范围广、程度严重的特点。本次地震位于鲜水河断裂带附近，大渡河沿岸，属典型的高山峡谷地带，烈度 9 度区内全部是乡镇，山体滑坡掩埋房屋建筑、道路交通、基础设施，造成人员伤亡、财产损失，形成堰塞湖等次生、间接灾害，其中，山体滑坡和房屋倒塌也是造成人员伤亡的最主要原因，山体滑坡导致人员死亡占比高达 80%。三是灾区建筑物抗震能力较弱。一些农村地区的房屋抗震性能较差，震后大部分破坏甚至倒塌，特别是一些房屋建在高坡上，因地基失效破坏程度更为严重。四是地震导致的断路断电断水断网——"四断"问题成为应急救援的最大障碍。山体滑坡、巨石滚落、余震不断，造成交通、电力、通信等大面积中断，难以及时掌握灾情信息，救援人员、物资、车辆和大型设备无法及时进入，一度形成多处"信息孤岛""救援孤岛"直接阻断了开展救援的生命通道。

一、经验总结

　　本次地震应急救援共持续 7 天，自 9 月 5 日地震发生后四川省抗震救灾指挥部启动一级应急响应至 9 月 12 日 18 时响应终止。此次抗震救灾工作坚持人民至上、生命至上，坚持属地为主、统一指挥，坚持科学决策、精准调度，坚持一方有难、八方支援，坚持新闻公开、报道及时。

　　一是采用了"统一领导、分级负责、属地管理、协调配合"的应急管理机制。国家层面，迅速启动协调机制，国务院即刻派出抗震救灾指挥部工作组，到地震现场指导工作。工作组到地震现场，主要协助地方省委、省政府解决地震救灾的问题，根据实际提出建议，协调各部委，保证抗震救灾工作顺利进行。地方层面，坚持属地管理的原则，此次地震的应对，由四川省负责指挥处置。四川省委、省政府及四个市州立即启动应急预案，指挥辖区内的抗震救灾行动。

二是地震预警预报为救援争取更多时间和机会。近些年中国地震预警系统逐步建立，本次地震中国地震预警网通过预警终端、手机 App、第三方平台等渠道，为成都地区提前 56 秒发送地震预警信息。地震预警预报能力的提升能够及时指挥调度救灾队伍尽快去极震区，科学救灾，能及时使高铁等生命线设施采取制动措施，避免重大损失，并且能稳定社会，让受到地震波及的地区能沉着应对。

三是本次地震救援采用了很多高新科技，大大提高了救援效率。例如在陆路通道中断的地方，中国安能三局利用动力舟桥，打通了水上救援通道，成功解救受灾群众以及投放救援物资。面对通信信号中断的情况时，应急部派出"翼龙-2H"无人机实施应急通信保障，此外还有系留式无人机、中型无人机，打造地空立体覆盖式灾区通信保障体系，让受灾群众得以联系上家人报平安。四川省安科院利用 D1000 无人机完成磨西镇 VR 全景影像制作，实现现场灾害分析和救援力量调度同步。四川省测绘地理信息局利用三维地理信息应急服务平台和各种型号的无人机，在震后 2 小时制作完成抗震救灾应急指挥工作用图，为指挥部第一时间有效抗击震情、核实灾情提供了信息保证。

二、几点启示

此次地震是近年来人员伤亡最重、救援救灾难度最大的一次地震，虽然抗震救灾工作取得了胜利，但在房屋建筑抗震能力、地质灾害防范、"四断"条件保障、应急预案等方面尚需要进一步完善和提升。

一是需提升房屋建筑抗震能力。近年新建房屋抗震性能较好，在此次地震中虽有一定程度破坏，但相对较轻。但是对于农村地区的老旧房屋，其抗震性能较差，倒塌造成了大量人员伤亡。因此要推进地震易发区房屋设施加固工程，提升城乡房屋建筑抗震能力，对新建重建房屋、重大工程等应严格按照抗震设防要求进行抗震设防，同时要科学规划、合理选址，避开不利地段，尤其是重大工程场地要避开活动断层和地质灾害风险隐患区。

二是要加大地质灾害防治力度，不断优化应急物流。本次地震灾区地处高山峡谷，山高坡陡谷深，地质灾害隐患量大面广，此次地震引发了严重地质灾害，造成了大量人员伤亡。要充分考虑震后次生地质灾害隐患和威胁，抓紧落实落细监测预警、排危除险、工程治理和搬迁避让等工作。适时组织开展西南地区（包括四川、云南等）地震引发地质灾害排查整治专项行动。同时，本次泸定地震救援过程中，遇到交通中断的地方较多，给救援带来相当大的困难。虽有调派直升机采取空中支援的方式，但耽误时间较多，因此急需完善应急物流的救援方式，做到水陆空三方并行，把人民群众的生命安全放在第一位。

三是强化应急准备，做到应急预案全面覆盖。针对此次地震暴露的"断路断电断水断网"引发的严重地质灾害等情况，采取针对性措施，坚持底线思维、极限思维，做好抗大震的预案、力量、物资、保障等各项应急准备，需要制定新的应急预案，包括对多灾种叠加下的组织指挥体系、工作责任、应急处置流程等各环节做出规划，开展地震应急救援演练，加强航空救援体系建设，偏远山区建立直升机临时起降点，不断增强重特大地震灾害综合救援能力，全力保障人民群众生命财产安全。

四是继续提升基层防灾救灾基础能力。基层是应对地震灾害的最前沿，在此次地震中，基层群众的自救互救发挥了重要作用，震后快速组织救援，有效减少了人员伤亡。因此，平时要加强基层的防灾减灾知识普及，鼓励配备一些简易实用的救援设备，通过宣传教育等方式，帮助群众了解掌握自救互救知识和技能。

第三十七章

河南安阳"11·21"火灾事故

第一节 事件回顾

2022 年 11 月 21 日 16 时 22 分，河南省安阳市文峰区（高新区）宝莲寺镇平原路凯信达商贸有限公司发生一起特别重大火灾事故，事故共造成 38 人死亡、2 人受伤，另有 89 人成功逃生。涉事企业位于河南省安阳市文峰区，处于平原路与文锦西街交叉口向西 650 米路北院内二楼 201 号，经安阳"11·21"火灾事故现场处置工作指挥部初步研判，该起事故是因企业人员违规操作，无证违规开展电焊作业引发的火灾。

事故发生后，安阳市应急救援力量快速响应，第一时间赶赴现场。安阳市消防救援支队在接警后迅速组织力量赶赴现场救援，公安、应急、市政、供电等单位快速联动，第一时间赶赴事故现场开展应急处置工作。在处置过程中，安阳应急救援力量共投入 63 车、240 人奔赴现场展开灭火救援行动。自 16 时 22 分事故发生起至 20 时左右，现场火情被基本控制，23 时左右，救援队伍彻底扑灭现场明火。

事故发生后，党中央、国务院高度重视，中共中央总书记、国家主席、中央军委主席习近平立即做出重要指示："河南等地接连发生火灾等安全生产事故，造成重大人员伤亡，教训十分深刻。要全力救治受伤人员，妥善做好家属安抚、善后等工作，查明事故原因，依法严肃追究责任。临近年终岁尾，统筹发展和安全各项工作任务较重，各地区和有关部门要始终坚持人民至上、生命至上，压实安全生产责任，全面排查整治各类风险隐患，坚决防范和遏制重特大事故发生。"

事故发生后，国务院成立了由应急管理部牵头、公安部、全国总工会、河南省人民政府等有关方面参加的调查组。2022 年 11 月 23 日，在安阳，国务院河南安阳市凯信达商贸有限公司"11·21"特别重大火灾事故调查组召开了第一次全体会议，会上调查组组长应急管理部副部长宋元明对调查工作提出了具体要求。

事故发生后，应急管理部部长王祥喜立刻做出部署，要求"尽快摸清被困人员情况，科学组织扑救，严防次生事故；尽快查明原因，依法依规严肃追责，同时举一反三，深入开展火灾隐患排查，严防发生重特大事故"。应急管理部领导徐加爱、琼色通过视频连线，在应急管理部指挥中心对现场处置工作进行了调度和指导，同时还在第一时间派出了由消防救援局领导带队的工作组，赶赴现场指导处置。

21 日事故发生后，河南省委书记楼阳生迅速做出批示，省委副书记、省长王凯第一时间赶赴安阳市现场指挥调度火情处置工作。22 日，河南省委、省政府在安阳市召开了全省安全生产电视电话会议。会上省委书记楼阳生做出批示，要求迅速查明事故原因，依法依规严肃处理。在安阳主会场，省长王凯主持会议，会上通报了安阳"11·21"火灾事故情况，分析了河南省安全生产和消防安全形势，对安全生产重点工作进行了再部署。会议强调，要坚持人民至上、生命至上，深刻吸取安阳"11·21"火灾事故教训，在全省全面开展消防重点领域隐患排查治理工作，从严从紧开展执法监管。要坚持"三管三必须""以更严密的制度、更严实的举措，坚决遏制重特大事故发生"。

22 日晚，安阳市政府召开了新闻发布会。会上，安阳市委书记袁家健鞠躬致歉，并表示"向所有遇难者表示沉痛的哀悼，向所有遇难者家属、受伤人员表示诚挚的慰问，向全市人民作出深刻检讨，向全社会作出诚恳道歉"。

第二节　事件分析

一、事故根源

经指挥部初步判定，员工无证违规进行电焊作业是河南安阳市凯信达商贸有限公司"11·21"特别重大火灾事故的直接原因；企业主体责任落实不到位，对于员工安全教育培训不够，没有有效开展应急疏散演练，企业安全意识淡薄是企业发生安全生产事故的间接原因。据新华社报道，河南省安阳市凯信达商贸有限公司主要从事针织服装生产工作，涉事车间一楼为仓库，二楼近期为加工棉衣棉裤的生产车间，且以大龄员工居多；据安阳市应急管理局一名负责人推测，根据应急过程中掌握的情况初步分析，事故原因可能为企业在一楼仓库内进行电焊作业时引燃了飘入的棉絮，导致车间大量堆积的布料被点燃，浓烟导致二楼部分工人窒息死亡。事故发生的具体过程、发生原因和导致事故扩大为特别重大火灾事故的相关因素当时还在调查中。

二、事故教训

要深入贯彻落实习近平总书记关于安全生产工作的重要指示精神，坚持人民至上、生命至上，切实压实企业安全生产主体责任，将人民群众的生命安全放在第一位。习近平总书记多次针对安全生产工作做出重要指示，2020年4月，习近平对安全生产工作做出重要指示强调，生命重于泰山。各级党委和政府务必把安全生产摆到重要位置，绝不能只重发展不顾安全，更不能将其视作无关痛痒的事，搞形式主义、官僚主义。河南安阳市凯信达商贸有限公司"11·21"特别重大火灾事故之所以能够由隐患演变成特别重大火灾事故，与企业主体责任落实不到位、安全意识淡薄、漠视劳动者生命安全和生产安全密不可分，另一方面也反映出劳动者自身缺乏安全生产知识、难以主动维护自身生命健康权益等问题。企业作为安全生产的责任主体，必须对人民群众的生命安全负起责任。习近平总书记的重要指示指出："人命关天，发展决不能以牺牲人的生命为代价。这必须作为一条不可逾越的红线。"然而，该事故中的企业，部分企业管理者利欲熏心、罔顾人命，不了解安全生产知识、不肯进行安全保障投入，没有将保护劳动者的生命权作为生产工作的第一事项，而是将安全保障投入视作需要"控制"的成本，对劳动人民身体健康和生命安全的漠视与无知往往是重特大事故发生的背后原因。

要全面排查整治各类安全风险隐患，坚决防范与遏制重特大事故发生。2019年11月，习近平总书记在中央政治局第十九次集体学习时强调，要健全风险防范化解机制，坚持从源头上防范化解重大安全风险，真正把问题解决在萌芽之时、成灾之前。海因里希安全法则指出，每一起重大事故发生的背后，必有 29 起轻度事故以及 300 个潜在威胁，任何重特大事故的发生都离不开长期积累的安全风险隐患。在河南安阳市凯信达商贸有限公司"11·21"特别重大火灾事故中，可燃物与焊接作业现场的交集是导致重大安全生产事故发生的主要安全生产隐患聚集地之一，放任安全生产隐患的威胁长期发展，是多起重特大事故发生、发展的主要原因。安全生产事故的发生存在偶然性和必然性，偶然因素可能导致安全生产事故必然发生，但在充足的安全生产工作准备之下，事故苗头可以被及时扑灭、事故发展势头可以被迅速遏制，从而降低乃至消除人员伤亡和财产损失，使得安全隐患不会发展为惨烈的重特大事故。为使安全生产工作能够发挥最大效果，需要在严格的安全生产管理体系下，通过应用安全技术、使用安全装备、采用安全服务等多种手段，提升生产过程的本质安全水平和应急响应能力，从而降低事故发生后的人员伤亡和财产损失。

应增强社会安全意识，以发展安全应急产业为抓手，促使全社会安全生产保障能力提升。一方面，在河南安阳市凯信达商贸有限公司"11·21"特别重大火灾事故中，受灾劳动者对自身安全生产保障需求不够明确、无法及时分辨出身边环境存在的安全生产隐患、难以维护自身劳动健康权益，是导致受灾劳动者不幸身故或受伤的次要原因之一。增强社会安全意识、促使劳动者关注自身生产安全状态、为劳动者行使维护自身劳动安全权益扫清障碍，是提升社会总体安全保障意识、由下而上督促企业承担安全生产主体责任的必要途径。另一方面，为了给安全生产工作提供技术、产品与服务保障，以满足全社会日益提升的安全生产保障需求，急需加快安全应急产业发展，通过提升安全应急产业发展质量、加快服务型制造应用、开展安全应急技术培训和社会宣教等多种手段，提升安全应急产业在安全应急技术装备、产品和服务方面的供给能力，从而为我国安全发展提供坚实保障。

第三十八章

"4·18"北京长峰医院火灾

第一节 事件回顾

2023年4月18日12时57分，北京市丰台区消防救援支队接警：北京长峰医院住院部东楼发生火情。接警后，消防、公安、卫健、应急等部门即赴现场处置。13时33分，现场明火被扑灭。15时30分，现场救援工作结束。2023年4月19日中午，北京市人民政府新闻办举行长峰医院火灾事故情况通报会。根据统计，火灾已致29人遇难。另外，经初步调查，事故因内部施工作业火花引发。

2023年4月，国务院安委会决定，对该起重大事故查处实行挂牌督办，并派员参与，帮助指导北京市调查组工作。国务院安委会要求，要依照《生产安全事故报告和调查处理条例》等有关法律法规及规章规定，抓紧组织开展事故调查，迅速查明事故原因，严肃追责问责。

2023年5月6日，最高人民检察院官微消息，为依法严厉打击危害安全生产刑事犯罪，保护人民群众生命财产安全，最高检对北京长峰医院重大火灾事故案挂牌督办，要求北京市检察机关充分发挥检察职能作用，协同公安机关及有关部门，依法查明各方责任，夯实案件证据基础，依法惩处相关犯罪，维护被害人合法权益；同时，强化溯源治理，助推安全生产风险防范和综合治理。

第二节　事件分析

一、事故根源

2023 年 4 月 19 日中午，在北京市举行的长峰医院火灾事故通报会上，北京市消防救援总队副总队长赵洋通报了此次火灾的事故原因。赵洋表示：经初步调查，原因是医院住院部内部改造施工作业过程中产生的火花引燃现场可燃涂料的挥发物所致。事故具体原因和损失还在进一步调查之中。

2023 年 4 月，根据《中华人民共和国安全生产法》《中华人民共和国消防法》和《生产安全事故报告和调查处理条例》等有关规定，北京市成立"4·18"火灾事故调查组，对事故原因进行调查。事故调查组将按照"科学严谨、依法依规、实事求是、注重实效"和"事故原因未查清不放过、责任人员未处理不放过、整改措施未落实不放过、有关人员未受教育不放过"的原则，还原事故发生经过，查明事故原因，总结事故教训，认定事故责任，提出事故处理建议。

据北京市消防总队初步调查结果火灾外因是医院住院楼内部施工改造作业过程中产生的火花引燃了现场可燃涂料的挥发物所致。火灾内因是北京长峰医院缺乏防范意识，缺少职业操守。2014 年北京长峰医院在上海的子公司因为消防问题被处罚；今年 2 月份，位于贵阳的子公司又因为消防问题被处罚。作为总部医院，近几年因为随意处理医疗废物被处罚了 14 次。一次次的警告和处罚，都没有引起长峰医院及医院领导们的高度重视，一次次的侥幸心理，为此次事故的发生埋下了隐患。概括起来从北京长峰医院火灾的背后反映出以下几点问题：

一是建筑消防安全措施不足。北京长峰医院作为一家重点医疗机构，其建筑和消防设施应该是按照标准要求建造和维护的。然而火灾发生后，有媒体报道称该医院消防设施老旧、疏漏等问题。

二是应急管理缺乏。从火灾爆发到扑灭整个过程，长峰医院并没有有效的应急预案和应对措施。据报道，当时很多患者和医生被困在病房或者办公室内，甚至连电话也没法打出去。

三是预防火灾教育力度不够。医院内采用的电器设备较多，如果员工不了解正确使用方法和注意事项，容易引发火灾。因此，需要加强相关的培训和教育。

四是应急设施及保障投入不足。有报道称，北京长峰医院在招揽顾客和盈利方面存在过分追求利润的问题，各类应急设施设备投入不足，出现突发情况，无法及时应对。

五是监管部门监管不力。火灾后，媒体报道了该医院存在违规建设事项，如地下室被改造成为住宅，天桥被加盖建筑物等。这一情况表明，相关监管部门对该医院的监管存在漏洞，未能及时发现和纠正问题。

二、事故教训

从北京长峰医院火灾事件的发生及后续调查结果，我们可以吸收以下经验教训：

一是要加强消防安全管理。加强医院内部消防设备的管理、维护和检查，确保消防设备良好运转。设立消防安全管理机构，建立红色预警机制，完善各项制度，包括防火、灭火等方面。

二是要加强员工安全意识培训。加强员工的安全意识，定期组织演习和培训，提高员工灭火、逃生等应急技能，如在灾难发生时，员工可尽快迅速处理突发性事件，减少可能出现的损失和事故。

三是要合理规划医院的建筑设计及其用途。严格按照国家建筑法规划规范建造医院，规避因人员聚集、用电量过大等所产生的潜在风险。改变原来的建筑设计和用途，以符合工业控制、环境监测及其他相关要求，从根本上解决安全风险。

四是要实行科学的物品管理。加强对医院物品的管理，特别是存在安全隐患的物品，如易燃、易爆、有毒等化学用品，及时开展分类管理，通过标识装备监控系统限制使用。

五是要定期检查医院内部用电线路的质量。把医院内部用电线路建设按正规程序推行，确保其质量达到标准。对于老旧电线，应实行定期检查。

六是要加强政府监管，完善监管体制机制。针对违反消防规定的企业做到"有违必罚，有事必究"，做好政府主体责任，避免类似的事情再发生。

展望篇

第三十九章

主要研究机构预测性观点综述

第一节　中国应急信息网

中国应急信息网 2019 年 4 月 18 日上线，是由应急管理部主办、新华网承办的面向社会的重要门户网站，旨在打造国内权威的综合性防灾减灾救灾信息发布平台、社会动员平台、专业服务平台和互动引导平台，更好地为应急管理、社会和公众服务。2020 年 8 月，作为"中国应急信息网"的子站，公益性应急装备专业咨询网站"应急装备之家"正式上线，面向社会提供应急装备配备、先进技术推广、战时紧急调用、研发需求对接、科研众创众筹等应急装备综合信息服务，为提升防灾减灾救灾现代化水平提供有力技术支撑。截至 2023 年 5 月，"应急装备之家"网站已汇聚厂家信息共计 4283 个，装备信息总数 17288 个，总访问量将近 265 万次，均较上一年有较大提升。

据"应急装备之家"一张图显示，目前网站登记的装备厂家数量地域分布较为集中，排名前五位的分别是北京 476 家、江苏 413 家、广东 306 家、山东 253 家、湖南 149 家；从登记的装备数量看，前五名分别是北京 2833、江苏 2706、广东 1355、河北 787、湖南 515。在行业领域专区，"应急装备之家"网站重点介绍了防汛抗旱、森林灭火、机器人、冰雪冰冻、无线电、无人机的最新装备和应用案例，并对央企和国际装备的最新应用进行了介绍。以重大自然灾害应急救援为例，在泸定地震救灾中，先进的智能装备和技术也发挥了重要的支撑作用，为应急通信指挥、科学判断灾情、打通救援通道、提升应急救援的能力和水平发挥了重要作用。如利用大型应急救灾型无人机系统探查回传灾情、搭建被毁坏的通信网络，通过遥感卫星观测灾害地区地质变化情况，利用雷达生命探测仪进行遇险人员搜索、应用山地挖掘机、机器人、外骨骼、动力舟桥等一大批先进专用救援装备器材转移受困群众和输送救灾物资装备。

2023年5月12日是我国的第15个全国防灾减灾日，网站对我国防灾减灾领域的科技设备创新的最近进展进行了总结，包括监测地震发生前电磁波变化的卫星技术、复杂灾害条件下生命搜救探测装备、协助开展应急救援的仿生智能机械手、观测台风数据的野外科学试验基地、智能消防无人机群等智能技术和装备均已应用，对更大程度减轻灾害损失、避免人员伤亡发挥着重要作用。

第二节　中国安全生产网

2022年，全国安全生产形势依然严峻复杂，部分地区和行业事故多发，针对如何利用先进的技术、装备和服务，大力推动安全应急产业发展来提升我国应急管理能力和水平，中国安全生产网发布了专家的相关论述。

在2023年两会专题栏目报道了多位人大代表、政协委员的建议。全国人大代表、中国矿业大学化工学院教授王虹认为，安全应急产业是提高公共安全治理水平、推进应急管理体系和能力现代化、守护人民群众生命财产安全的重要保障，为防灾减灾救灾和重大突发公共事件处置提供装备技术支撑保障。党的二十大报告对提高公共安全治理水平作出明确部署，对安全应急产业的融合集群发展提出了更高的要求。随着我国工业化和城镇化进程的加快，安全问题更加复杂，增加了应急管理的难度，也对人民群众的生命财产安全造成威胁。王虹代表认为，应对事故灾害需要利用技术装备、监控预警装置和安全应急服务，同时充分依托大数据、物联网、云计算等技术，而这些都与安全应急产业的发展密切相关。安全应急产业体系完善、市场成熟，可以为应急管理事业提供更多终端产品，助力应急管理事业发展。现阶段，我国安全应急产业发展正在加速，国家安全应急产业示范基地的影响力持续扩大，并成为产业发展重要的创新和成果应用的集聚地，示范引领作用不断增强。应对安全应急产业基地和产业集群的发展给予支持，集中力量培育一批技术引领型、市场主导型的安全应急企业。同时，进一步推进先进、适用、可靠的安全应急装备在矿山、危化品、建筑施工、交通运输等重点行业领域应用，打造一批安全应急领域的知名品牌。

在重特大自然灾害应急物资跨区域协同保障方面，全国政协委员、中国安能集团董事长周国平认为，目前我国各专业领域的预警监测系统不断涌现，但预警信息较为离散，不利于相关部门和地方政府之间增强联动，灾情信息共享融合还需进一步提升。在自然灾害预警监测设施建设方面，基层监测终端建设相对薄弱，存在数量不足、性能不高、缺少维护等问题，造成预警覆盖率低。周国平建议，应加强空、天、地、海一体化应急通信网络建设，提高在极端条件下应急通信保障水平，推动跨部门、跨层级、跨区域的重特大灾害抢险救援行动现场协调机制和能力建设。在自然灾害应急储备方面，周国平认为，应急物资储备的类型、种类和数量上仍需优化，战略性、前瞻性储备还需要加强，同时还要重视地域资源的布局均衡、供给需求匹配等问题，物资转运、配送、分发和使用的调度管控能力有待加强，应从宏观上加强统筹规划，根据需求制定装备物资储备清单，优化储备布局，建立国储与商储、实物储与产能储相结合的储备模式。

第三节　中国安防行业网

中国安防行业网对近 40 年来安防行业从萌芽到高质量发展不同阶段的特征进行了总结。2017 年以来，安防行业进入高质量发展阶段，在政策红利的推动下，表现出以下发展特征：一是企业不断扩容，产业格局正在变革。近年来，随着安防技术的持续迭代和应用场景的不断创新，越来越多的企业进入安防领域，除海康威视、大华股份等企业抓住数字化、智能化转型浪潮，快速提升综合实力外，华为、百度、腾讯、联通等企业也踏入安防行业浪潮，推出更丰富的应用场景，此外，在细分领域也涌现了许多具备技术竞争力的企业，共同推动了安防产业格局的改变。二是安防产品技术应用不断融合。近年来，人工智能、大数据、物联网、云计算、5G 等技术创新加速，并与安防行业深度融合，不断拓展传统产业边界，催化出智能化安防设备和应用，正加速融入智慧城市建设，成为城市高效管理、社区服务和日常家居生活的重要工具。三是安防行业市场应用泛化。通过广泛的感知、快速的计算和主动的响应，安防行业的应用场景不断细分，逐步融入更多行业，下沉至社区、家居和生活场景的各个方面，深入到决策环节，催生出更多新的应用模式和新的业态，包括智慧交通、智慧医疗、"宅经济"等市场智能化转型需求旺盛，安防行业已逐步拓展成"泛安防"的概念。

中国安防行业网还分析了智能安防产品在平安春运中的应用与发展。2023 年春运是我国疫情防控进入新阶段后的第一个春运，全国发送旅客近 16 亿人次。在春运期间，安防设备也已经转变了原有的安防基本功能，实现了向业务管理转型，智能安防设备覆盖了车站、机场等城市重点区域的安全防范，旅客安全检查和车辆安全防护等各个环节，特别是视频监控、人脸识别、安检设备的应用，使车站、机场等场所的管理实现了智能化、便捷化升级。一是通过对交通流量监测、车辆识别和智能导航等大数据分析和计算，对春运期间道路交通拥堵和事故进行预判，及时发布预警，引导旅客选择合适的出行路线；二是通过人脸识别、身份验证等技术实现精准监控和管理，提高安全防范能力和检验效率；三是动车组智能检车机器人、无人桥隧维护技术、智能安检值机辅助判图系统等智能装备和技术也在提升检测效率、保障运输安全方面发挥了重要作用。

第四节　中国安全产业协会

中国安全产业协会（以下简称"协会"）2014 年正式成立，是目前我国安全应急产业领域唯一的国家级社会组织。协会致力于贯彻落实党中央、国务院决策部署，积极发挥政府的参谋助手、政府与行业的桥梁纽带作用，努力为我国安全应急产业健康发展汇聚智慧和力量。2022 年，协会努力把握安全应急产业发展机遇，开创发展新局面，为持续推动中国安全应急产业高质量发展贡献了力量。

协会原下设物联网分会、消防数智化分会、矿山分会等分会和专委会，为持续为安全应急企业提供更好的服务，协会根据国家安全应急产业发展的要求和趋势，按照各项制度规定在 2022 年召开了企业数字安全专业委员会、设备运维和再制造安全专业委员会、校园安全专业委员会、投资专业委员会等分支机构的成立大会，进一步拓展和完善了协会的职能，为协会更好发挥作用、更好服务经济社会发展开辟了新的板块、提供了新的路径。同时选取产业代表和行业优秀企业为理事单位或会员单位，会员单位进一步增多。

2022 年，协会联合主办和协办了部分全国性产业会展、高峰论坛等活动，政府和行业影响力持续提升。主要包括：2022 中国安全及应急技术装备博览会、2022 安全应急产业投融资高峰论坛、FIOT2022 中国消防物联网大会等重要行业交流活动，并联合发布了《2022 年中国安全应急产业集群白皮书》《中国安全应急产业发展白皮书（2022 年）》等重要产业发展相关文献。家庭应急储备是提升全社会应急水平的必要条件。2022 年 1 月，协会启动了"千万家庭应急储备计划"等产业项目，联合基金会、社区、校园构建全民协同的应急物资储备体系，在助推安全应急产业发展和产品推广应用的同时，提升全社会的安全应急意识和能力。

为加强对安全应急领域中小企业融资支持服务，协会在 2022 年成立了投资专委会，目的是秉承"根植产业，激活创新"的理念，积极拓宽安全应急产业投融资空间，改善产业投融资环境，推动我国安全应急产业投融资体系的建设和发展。投资专委会设有产业研究部、"专精特新"工作部等工作部门，在政府、投资机构、企业，以及高校、科研院所等相关单位之间，搭建专业的交流和服务平台，负责资本与产业的融合对接，充分挖掘、培育先进安全装备制造业和新型安全服务项目，支持商业模式和投融资模式创新，为完善安全应急产业投融资体系提供建议，为培育更多具有竞争力的安全应急企业、促进产业科技创新和成果转化发挥更大作用。2022 年 11 月 25 日，在"2022 中国安全及应急技术装备博览会"期间，由协会主办、徐州高新区安全科技产业投资发展公司和协会的投资专业委员会、徐州办事处协办的"安全应急产业投融资高峰论坛"在徐州成功举办，就是为安全应急相关领域企业和投融资平台搭建的沟通桥梁和纽带。

　　2023 年，协会将与国内外同行加强开放合作，把握数字化、智能化升级带来的机遇，为相关领域企业发展和创新、推动安全应急产业高质量发展继续发挥好政府的参谋助手、政府与行业的桥梁纽带作用。

第四十章

2023 年中国安全应急产业发展形势展望

第一节　总体展望

　　2023 年是全面贯彻党的二十大精神的开局之年，坚持统筹发展和安全，安全应急产业将面临新机遇和新挑战。2023 年，我国安全应急产业发展要以习近平新时代中国特色社会主义思想为指导，深入宣传并贯彻党的二十大精神和习近平总书记关于安全与应急工作的重要论述，以推进国家安全体系和能力现代化，以新安全格局保障新发展格局，深入贯彻总体国家安全观为己任，坚持人民至上、生命至上，坚持统筹发展和安全，坚持安全第一、预防为主，持续树牢安全红线意识，推动自然灾害、事故灾难、公共卫生事件、社会安全事件等各类突发事件所需安全防范与应急准备、监测与预警、处置与救援等专用产品和服务的高质量发展，为落实党的二十大报告中提出的"坚持安全第一、预防为主，建立大安全大应急框架，完善公共安全体系，推动公共安全治理模式向事前预防转型"要求做出应有贡献。

　　2022 年，是党和国家发展史上极为重要的一年，我国安全应急工作经受住了严峻考验。在以习近平同志为核心的党中央坚强领导下，全国人民以习近平新时代中国特色社会主义思想为指导，疫情精准防控措施不断完善，在重大项目不停工、重点企业不停产、招商引资不断档等恢复经济的要求下，积极推进防范化解重大安全风险，为统筹发展和安全，强化安全源头治理，提升应急管理和救援能力，安全应急产业在国家安全应急体系建设中发挥了重要作用。2022 年，我国严格落实疫情要防住、经济要稳住、发展要安全的要求，全国生产安全事故、较大事故、重特大事故起数和死亡人数实现"三个双下降"。根据应急管理部的统计，全国事故总量和死亡人数同比分别下降 27.0%、23.6%。全国自然灾害受灾人次、因灾死亡失踪人数、倒塌房屋数量和直接经济损失与近 5 年均值相比分别下降 15.0%、30.8%、63.3%、25.3%，因灾死亡失踪人数创新中国成立以来年度最低。在这当中，安全应急产业在装备、技术和服务等各方面发挥了应有作用。

诚然，成绩固然可喜，但我国应急管理体系和能力现代化建设仍然有许多不足，突出防范化解重大安全风险的压力依然很大。2022 年，我国既要面对疫情不确定性叠加经济下行压力加大对安全生产造成的冲击，也要顶住全球气候变暖背景下我国极端天气事件多发频发重发的冲击。2022 年，在自然灾害方面，我国降水南北多、中间少，多地高温突破历史极值，洪涝、干旱、森林火灾多发重发；在安全生产方面，东航坠机、湖南长沙自建房倒塌、河南安阳火灾、贵州三河顺勋煤矿顶板、广东茂名石化火灾、云南鹤庆在建高速隧道塌方、云南富盛煤矿顶板等安全生产事故也造成了很大社会影响。还有新冠疫情在 2022 年仍起伏不定，给经济发展和社会安全带来巨大影响。加上风高浪急的国际环境和艰巨繁重的国内改革发展稳定任务，多重不确定因素叠加，各类安全风险隐患压力巨大。

展望 2023 年，安全应急产业发展面临前所未有的良好发展机遇。2023 年 5 月 12 日，习近平总书记在深入推进京津冀协同发展座谈会上指出，把安全应急装备等战略性新兴产业发展作为重中之重，着力打造世界级先进制造业集群。总书记的指示对于发挥安全应急产业在提高人民群众的获得感、幸福感、安全感中的作用意义重大。发展安全应急产业，要全面学习贯彻党的二十大精神，完整、准确、全面贯彻新发展理念，遵循习近平总书记提出的坚定信心，保持定力，增强抓机遇、应挑战、化危机、育先机的能力，统筹发展和安全要求，为高质量发展和构建新发展格局发挥应有的支撑保障作用。

扩内需、增活力、保安全，安全应急产业值得期待。2022 年底，中共中央、国务院印发《扩大内需战略规划纲要（2022—2035 年）》（以下简称《纲要》），"推动应急管理能力建设"位列其中。安全应急产业是为自然灾害、事故灾难、公共卫生事件、社会安全事件等各类突发事件提供安全防范与应急准备、监测与预警、处置与救援等专用产品和服务的产业，是国家的战略性新兴产业，在贯彻落实统筹发展和安全战略，以新安全格局保障新发展格局中具有重要作用。在落实《纲要》提出的"推动应急管理能力建设"，增强重特大突发事件应急能力、加强应急救援力量建设、推进灾害事故防控能力建设三个方面，发展安全应急产业意义重大。

首先，增强应急处突能力离不开应急物资产能保障。完整的制造业体系是我国应急物资保障的基石。中国是唯一全部拥有联合国产业分类的国家，在世界500多种主要工业产品当中，我国超40%产量居首位。《纲要》对应急物资产能保障提出了明确要求，正是基于我国制造业的优势，从而避免了面对各类突发事件复杂多变，时间、类型、级别等较难预测、过度依靠实物储备的难题。历次应对重大突发事件的应急物资保障，我国强大而完备的工业体系都发挥了决定性作用。如2020年上半年，通过增产、扩产和转产，迅速扭转了应急医疗物资短缺的局面，不仅满足了一线抗疫的需求，还保障了全国乃至全球抗击疫情的需要。

其次，加强应急救援力量建设要提高技防和物防水平。制造业高质量发展是提升我国应急救援装备水平的关键。《纲要》对航空应急救援等装备研发配备提出的具体要求，也离不开我国制造业高质量发展。2013年至2021年，装备制造业和高技术制造业增加值年均分别增长9.2%和11.6%，增速分别高于规模以上工业2.4和4.8个百分点。这些都推动了安全应急技术和装备的高质量发展，推动了安全应急产业的转型升级。如2022年12月15日，能够完成12吨投汲水任务的"鲲龙"AG600M灭火型飞机，正式签署5架购机合同，实现了我国自主研制大型航空救援飞机市场化开拓和实战化应用的目标。

再次，灾害事故防控能力建设有利于安全应急产业智慧化发展。数字经济的快速发展将推动公共安全治理模式转型。在《"十四五"国家应急体系规划》明确要求系统推进"智慧应急"建设，在数字经济不断发展的新形势下，智慧应急需要以基础设施建设为重点、以数据共享为主线、以智能化应用为目标，推动完善平战结合的应急信息化体系，推进应急管理高质量发展。从国家发改委发布的《应急保障重点物资分类目录（2015 年）》与工信部出台的《应急产业重点产品和服务指导目录（2015 年）》，到工信部等三部委发布的《安全应急产业分类指导目录（2021年版）》，突出监测预警和主动防护功能的小类占比已达 80%以上，充分体现了信息化与智能化在安全应急产业发展中的作用。

2023 年，我国安全应急产业将进入一个新发展阶段。在习近平总书记直接关心下，在党和国家坚持稳字当头、稳中求进，更好统筹国内国际两个大局，更好统筹疫情防控和经济社会发展，更好统筹发展和安全，全面深化改革开放，努力实现经济运行整体好转，推动人民生活持续改善的战略指引下，随着一系列支持政策的落地，以及经济持续恢复的态势推动下，我国安全应急产业发展将在扩内需、增活力、保安全中，发挥保障经济高质量发展，培育新经济增长点方面发挥重要作用。因此，可以比较乐观地估计，2023 年我国安全应急产业有望继续保持 12%以上的增长率。

第二节　发展亮点

一、列入战略性新兴产业，有利于壮大安全应急产业

作为战略性新兴产业发展的重中之重，壮大安全应急产业前景光明。2023 年 5 月 12 日，习近平在石家庄市主持召开的深入推进京津冀协同发展座谈会上指出，要巩固壮大实体经济根基，把集成电路、网络安全、生物医药、电力装备、安全应急装备等战略性新兴产业发展作为重中之重，着力打造世界级先进制造业集群。2022 年以来，国内外形势更加复杂多变，我国发展面临的各类风险挑战明显增多，着力稳定宏观经济大盘等任务愈加艰巨繁重。2022 年初，国务院印发了《"十四五"国家应急体系规划》，对"十四五"时期安全生产、防灾减灾救灾等工作进行全面部署，明确提出要"壮大安全应急产业"，并在"专栏 5"中提出的"安全应急产品和服务发展重点"10 个重点方向，主要涉及48 类产品或系统、17 类服务，可以看到这些产品应用的技术具有大众化，服务广泛性，照顾到了相关产品和服务的通用技术专业化应用问题，

有利于产业的可持续发展。在习近平总书记和党中央的直接关心支持下，随着安全应急产业示范工程、安全应急产业示范基地建设逐步进入规范化发展阶段，我国安全应急产业发展也将进入快速发展阶段。

二、由基地到集群，有助于安全应急产业发挥集聚效应

由点到面，集群式发展，将推动安全应急产业发挥更大的集聚作用。通过十多年的培育与发展，我国安全应急产业区域发展分布已经基本形成了"三核引领，中西并进"的新区域发展局面，长三角、粤港澳、京津冀三大区域为引领，东中西部协同发展。在国家政策推动下，依托国家级安全应急产业示范基地创建工作，在全国各地已经多个形成了分布广泛、特色鲜明的安全应急产业集群，在促进产业集聚发展中发挥着重要作用。依托我国工业体系优势，做好安全应急产业集群建设，增强产业集群规模和发展质量，围绕特色产业，通过锻长和补短，形成上下游联动的安全应急产业链。发展安全应急产业集群，一是推动产业集聚发展。注重特色产业培育，鼓励集群成员做大做强，培育一批龙头企业，促进"专精特新"中小企业的成长，实现大中小企业融通发展。加速资源要素集聚集约，提升要素对集群集聚集约发展的支撑能力，为集群发展增强后劲。二是要增强集群内生动力。持续推进新旧动能转换，加快新动能培育，建立产业发展协调机制，建立重大项目协调机制，推进供给侧与需求侧的协同发展引领国内安全应急产品高端化发展路径。三是要激发集群发展活力。鼓励、推动企业进行新产品和关键技术研发，加强国内安全应急产业集群区域的紧密联系，推进供给侧与需求侧的协同发展，打造个性化、定制化的产品及服务体系。四是要强化集群合作潜力。提升集群国际合作水平，鼓励集群企业"走出去"和"引进来"，主动嵌入全球产业链、价值链和创新链，加强国内细分领域集群合作，强化集群间交流合作，在人才、技术、管理及资金等方面探索协同发展模式，发挥集群内产业特色，与其他集群进行互补式发展。

三、系列政策推动，有利于安全应急产业持续发展

壮大安全应急产业一系列政策出台，将推动安全应急产业的高质量

发展。一是 2022 年 12 月，中共中央、国务院印发的《扩大内需战略规划纲要（2022—2035 年）》中提出"推动应急管理能力建设"，具体包括：增强重特大突发事件应急能力。优化重要应急物资产能区域布局，实施应急产品生产能力储备工程，引导企业积极履行社会责任建立必要的产能储备，建设区域性应急物资生产保障基地，完善国家应急资源管理平台。健全应急决策支撑体系，建设应急技术装备研发实验室。加强应急救援力量建设。完善航空应急救援体系，推进新型智能装备、航空消防大飞机、特种救援装备、特殊工程机械设备研发配备。加大综合性消防救援队伍和专业救援队伍、社会救援队伍建设力度，推动救援队伍能力现代化。推进城乡公共消防设施建设，推进重点场所消防系统改造。强化危险化学品、矿山、道路交通等重点领域生命防护，提高安全生产重大风险防控能力。推进灾害事故防控能力建设。加强防灾减灾救灾和安全生产科技信息化支撑能力，加快构建天空地一体化灾害事故监测预警体系和应急通信体系。二是 2023 年 2 月，应急管理部、国家发展改革委、财政部、国家粮食和储备局联合印发了《"十四五"应急物资保障规划》，在"提高应急物资产能保障能力"中，从提升企业产能储备能力，优化应急物资产能布局，加大应急物资科技研发力度三个方面提出了具体要求。三是 2022 年 9 月，科技部 应急部联合发布了《"十四五"公共安全与防灾减灾科技创新专项规划》，在"公共安全与防灾减灾科技示范"专栏重点提出了支持建设国家可持续发展实验区和国家可持续发展议程创新示范区、国家安全应急产业示范基地、国家重点研发计划成果应用转化、安全应急装备应用试点示范工程、创新联合体和产业技术创新联盟等工作要求。这些政策的贯彻落实，以及工信部等部委正在研究编制的《安全应急产业重点领域发展三年行动计划》，将围绕重点领域重点产品，充分调动地方政府、园区、企业、科研机构等各方积极性，加强核心技术攻关、加快推广应用。完善产业布局、加强生态建设，采取更加有力措施推动安全应急产业高质量发展。

四、数字经济时代，有利于安全应急产业智慧化发展

"智慧应急"将是国家应急管理体系现代化和数字经济赋能高质量发展的重要内容。在《"十四五"国家应急体系规划》明确要求系统推

进"智慧应急"建设，提出"要适应科技信息化发展大势，以信息化推进应急管理现代化，提高监测预警能力、监管执法能力、辅助指挥决策能力、救援实战能力和社会动员能力。"建立符合大数据发展规律的应急数据治理体系。作为安全应急产业的重要发展方向，智慧应急需要以基础设施建设为重点、以数据共享为主线、以智能化应用为目标，推动完善平战结合的应急信息化体系，推进应急管理高质量发展。以联通智慧应急军团和华为应急军团为代表，龙头企业涉足智慧应急领域，正是适应国家应急体系现代化建设和数字经济发展的需要，依托更全栈资源、更创新平台、更优质服务、更开放生态，助力国家应急管理信息化跨越式发展，为国家新安全格局构建贡献智慧和力量。立足应急管理体系建设，重点聚焦指挥救援、安全生产、自然灾害、智慧消防、城市安全五大细分领域。随着数字经济的发展，智慧应急是顺应新发展阶段要求和智能化趋势，在技术上全面应用 5G、大数据、区块链、人工智能等技术，充分发挥人的集体智慧和技术的信息处理能力，最大限度地实现精准预防、敏捷应急、科学应急、精准应急、动态应急，实现从认识上、结构上和效能上推动应急管理方式全面重塑，成为依靠科技创新推进应急管理能力现代化的重大战略举措。

后　记

　　赛迪智库安全产业研究所是国内首家专业从事安全应急产业发展研究的智库机构，本所不仅自 2013 年起多年连续撰写并出版了中国安全应急产业发展蓝皮书，此外，还在 2018 年、2019 年、2021 年、2022年发布了各年的中国安全应急产业发展白皮书，2019 年发布了《安全产业示范园区白皮书（2019 年）》，2020 年发布了《中国安全和应急产业地图白皮书（2020 年）》，2021 年发布了《2020 国家级安全应急产业示范基地创建白皮书》，2022 年发布了《中国安全应急产业集群白皮书》。当前，在工业和信息化部安全生产司的支持下，在中国安全产业协会等机构的大力帮助下，又继续撰写《2022—2023 年中国安全应急产业发展蓝皮书》。

　　本书由张小燕担任主编，封殿胜、程明睿担任副主编。袁晓庆、高宏、封殿胜、刘文婷、黄玉垚、黄鑫、李泯泯、程明睿、杨琳等共同参加了本书的撰写工作。其中，综合篇由黄玉垚、刘文婷分别编写第一章和第二章；领域篇第三至第六章分别由黄鑫、刘文婷、李泯泯、程明睿负责编写；区域篇由封殿胜编写第七章，黄玉垚编写第八章，刘文婷编写第九章，李泯泯编写第十章；园区篇由黄鑫编写第十一章和第十七章，程明睿编写第十二章和第十三章，李泯泯编写第十四章和第十五章，杨琳编写第十六章、第十八章和第十九章，刘文婷编写第二十章；企业篇由刘文婷编写第二十一章和第二十八章，李泯泯编写第二十二章和第二十七章，杨琳编写第二十三章和第三十章，程明睿编写第二十四章和第三十二章，黄鑫编写第二十五章和第三十一章，黄玉垚编写第二十六章和第二十九章；政策篇由封殿胜编写第三十三章，由黄鑫、李泯泯、黄玉垚、程明睿编写第三十四章；热点篇由黄玉垚编写第三十五章，杨琳编写第三十六章，程明睿编写第三十七章，封殿胜编写第三十八章；展望篇由黄鑫编写第三十九章，高宏编写第四十章。袁晓庆、杨琳、程明睿等负责对全书进行了统稿、修改完善和校对工作。工业和信息化部安全生产司和中国安全产业协会的有关领导、相关企业为本书的编撰提供了大量帮助，并提出了宝贵的修改意见。本书还获得了安全应急产业相关专家的大力支持，在此一并表示感谢！

　　由于编者水平有限，编写时间紧迫，本书中不免有许多缺陷和不足，真诚希望广大读者给予批评指正。

赛迪智库安全产业研究所